民用建筑施工图设计指南

DESIGN GUIDE OF CIVIL BUILDING CONSTRUCTION DRAWING

深圳华森建筑与工程设计顾问有限公司　编

中国建筑工业出版社

图书在版编目（CIP）数据

民用建筑施工图设计指南＝DESIGN GUIDE OF CIVIL
BUILDING CONSTRUCTION DRAWING/深圳华森建筑与工程
设计顾问有限公司编. —北京：中国建筑工业出版社，
2021.3
　　ISBN 978-7-112-25704-1

　　Ⅰ．①民… Ⅱ．①深… Ⅲ．①民用建筑-建筑设计-
指南　Ⅳ．①TU24-62

　　中国版本图书馆 CIP 数据核字（2020）第 244356 号

　　本书从工程实践出发，按民用建筑施工图设计流程介绍各阶段、各环节关键控制点。本书旨在为偏重方案设计和理论研究的高校建筑学专业教学，做一个深化设计研究的阶段性补充。本书适合致力于施工图设计和管理的年轻建筑师阅读，也可供高校相关专业高年级学生参考。

　　责任编辑：武晓涛
　　责任校对：李美娜

民用建筑施工图设计指南
DESIGN GUIDE OF CIVIL BUILDING CONSTRUCTION DRAWING
深圳华森建筑与工程设计顾问有限公司　编

*

中国建筑工业出版社出版、发行（北京海淀三里河路 9 号）
各地新华书店、建筑书店经销
霸州市顺浩图文科技发展有限公司制版
廊坊市海涛印刷有限公司印刷

*

开本：787 毫米×1092 毫米　1/16　印张：9¼　字数：203 千字
2021 年 3 月第一版　　2021 年 3 月第一次印刷
定价：**50.00** 元
ISBN 978-7-112-25704-1
（36673）

CCTC 中国建设科技集团 | 深圳华森建筑与工程设计顾问有限公司
SHENZHEN HUASEN ARCHITECTURAL & ENGINEERING DESIGNING CONSULTANTS LTD.

《民用建筑施工图设计指南》编写委员会

深圳华森建筑与工程设计顾问有限公司　编

主　编
肖　蓝

副　主　编
王　瑜

审　核
付秀蓉｜石唐生

编 辑 整 理
刘文莹

各章节编写专家

序言	崔愷
绪论	张晖
第一章　建筑法规与规范	张晖
第二章　建筑专业统一技术措施	王瑜
第三章　建筑设计说明及材料做法	夏韬
第四章　建筑施工图设计与制图	白威、张晖、贾宗梁
第五章　校对、审核审定、会审会签	孙蓉晖
第六章　施工配合	郭智敏
结语	肖蓝

序　言

记得 1985 年底我刚到华森工作时，最让我震撼的不是蛇口海滨那美丽的景色，也不是海边上刚刚建好的南海酒店，当然也不是漂亮的办公和宿舍环境，而是摊在桌子上那一本本厚厚的施工图！

华森的施工图装帧整齐、蓝图纸白、图字清晰、绘制讲究，一水儿的德国绘图笔，整套的进口模板，这让我这个刚刚从北京派来的年轻人着实开了眼界，心中羡慕不已，同时也很有压力，要学的东西太多啦！

果然，一开始就安排我参加梁应天先生主持的国贸大酒店设计，项目已进入尾声，我就负责画管线综合图。虽然相对简单，但也从各专业老同志那里学到不少新知识。之后的四年时间里，虽然我先后主创了西安阿房宫凯悦酒店和蛇口明华船务中心酒店等方案，但画施工图，各专业协调与设计是我的主要工作内容，在这方面收获很大。回想起来，我总爱说华森是我的"硕士后"学校，1989 年从华森回到北京才算是真的毕业了，可以独立胜任设计工作了。

在那之后，我的项目越做越多，从自己独当一面，到主持，到指导，自己早就不画图了，计算机绘画技术日新月异，也早就让自己打消了补课的念头。但对施工图我还是情有独钟，每次出图前我还是要花时间看图，发现问题不管多急还是要改。看到高质量的图，心里就觉得踏实；看到差的、不用心的图会很恼火，绝不放过。因为施工图是设计的贯彻，更是项目品质的保证。我们本土设计中心出品的图纸一直保持较高的水准，充分说明大家对施工图设计的重视。也要感谢有几位工程设计高手的参与和把控，我对他们充满敬意！

华森肖蓝总来微信告诉我要出一本《民用建筑施工图设计指南》，让我十分高兴。这说明华森的晚辈们还没丢了这个看家本事，也说明在各种信息工具泛滥的今天，施工图设计的市场仍然需要好的指南做引导，更说明当今中国建筑设计行业的确已从讲速度、讲效益，转到讲品质、讲工匠精神上来了，可喜可贺！

衷心祝贺华森同仁在百忙之中推出的这本《指南》顺利出版，也真诚希望前辈们创下的华森精神、华森品质能继续传承下去！

崔　恺

2019-8-17 于北京

目　　录

绪　论

对于刚从大学毕业走进设计院的朋友们，尽快适应工作岗位，上手设计，是入职阶段最迫切的愿望。而熟悉设计工作流程和内容，是实现这一目标的第一步。本书就是为此而编。通过本书，年轻的建筑师可以系统地了解建筑施工图设计的全流程与关键控制点。好的开始是成功的一半，相信经过日积月累的学习和磨炼，大家都将成为一名合格的建筑设计师。

在国内，一般设计院建筑专业施工图设计及项目配合分为四个阶段：方案、初步设计、施工图设计、施工配合。各阶段控制要点分述如下。

一、方案阶段

1. 落实设计条件

需要落实的设计条件有：准确的用地红线、区域规划、用地周边情况、地形图，当地规划与建筑设计相关的规定。

落实设计条件的渠道有：

（1）用地要求和业主特定设计要求可咨询业主；

（2）对设计规范、消防规范和面积测绘等不明确的问题可咨询当地政府管理机构；

（3）通过现场踏勘了解用地高差情况，自然基础状况，用地周边城市道路、开口情况，周边用地建筑性质、高度、场地标高等；

（4）利用网络收集用地相关资料、类似建筑、常见问题等。

2. 了解方案报建审批条件和要求

（1）报建条件：根据甲方提供的设计条件，设计院配合设计图纸文件文本，向规划管理部门报送。

（2）报建图纸深度：一般参照国家规定或各地方方案报建深度。

① 效果图：鸟瞰图（包括周边地块情况）、透视图（主要出入口、主要立面

表达）；

② 总平面：包括面积指标、层数、间距、日照、竖向、交通、停车指标、规划指标、绿化、公建配套等；

③ 单体：平面图、立面图、剖面图、透视图、相关报建需要的墙身节点详图等；

④ 方案设计说明：包括项目概况、设计依据、建筑设计创意、项目总经济指标、各单项设计说明（消防、景观、结构、给水排水、暖通、电气、绿建、海绵城市、装配式等）。

3. 工作方法

（1）设计人进行资料收集、汇总、分析、沟通等；

（2）设计人制定工作计划，明确工作内容、阶段等，根据设计内容复杂程度和时间要求进行人员安排；

（3）各专业（规划、建筑、结构、机电、景观、市政、交通等）进行技术配合，经多方案比选确定最终方案；

（4）确定方案过程中，要及时与业主、规划、消防、人防等部门沟通配合，取得业主满意且合规的最终方案成果。

二、初步设计阶段

1. 落实设计条件

设计条件及资料包括：方案批文、人防征询单、方案阶段的规划指导等。

2. 设计准备工作

让业主确认重要设计条件及提供提前开展初步设计阶段工作的书面要求。其中重要设计条件包括但不局限于：总平面规划，经济技术指标，单体平面图、立面图、剖面图。

3. 开放设计

此阶段为华森公司特色阶段，设计团队在此阶段与业主方或顾问团队核对和确认设计细节。其主要工作包括：

（1）确认各专业条件图纸；

（2）确认各工作节点时间、要求及配合目的等；

（3）确认建筑主要用材、标准、门窗、降板、电梯、扶梯等；

（4）确认结构专业竖向构件、转换方式、超限的处理、经济性指标等；

（5）确认机电专业系统、竖井、机房及层高要求；

（6）确认市政管道走向，如有地下室，确认排水与地下管道的结合方式。

4. 设计不确定问题的落实

（1）进行设计院内部评审，提前审图沟通、面积预查账、日照复核等；

（2）做好过程记录和确认，会议纪要（包括政府、审图机构、甲方等非正式场合沟通）；

（3）与业主和主管部门确认新旧规范、政策的采用，以及各地政府实施时间的界定和审查界限；

（4）提醒外部审查（结构超限等）的不确定性。

5. 配合要点

（1）逆操作情况：初步设计时间早于方案报建时间，目前这种操作越来越多，所以设计人如何把控好项目非常重要；

（2）边深化设计边调整方案时，设计总负责人和专业负责人需注意设计人员的情绪控制；

（3）设计总负责人对修改内容、方式及范围需进行把控，哪些信息传达到哪个层面也需把控好；

（4）设计总负责人和专业负责人应与项目经理密切沟通配合，处理和解决问题保持一致性；

（5）项目组所有成员对业主方传达的信息应是一致的。

三、施工图设计阶段

1. 条件落实

设计条件及资料包括：上阶段批文，方案、初步设计阶段确认文件等。

2. 设计准备工作

（1）业主方对上阶段工作的确认，重要设计条件确认及提供提前开展施工图阶段工作的书面要求；

（2）项目经理下达任务单，施工图设计启动；

（3）各专业反馈所需要的设计条件和一般做法给业主确认；

（4）各专业设计人员落实到位，即专业负责人、设计人、校对人、审核人、审定人安排到位；

（5）重大设计原则问题，或错误判断后会造成设计重大修改的问题，须经过设计单位总工办组织内部专业评审；

（6）明确工作内容、时间及设计成果用途，确定施工图设计工作计划。

3. 开放设计

此阶段落实设计中的不确定问题，就各专业设计条件与业主方或其他机构（审图、政府相关部门、面积测绘、消防、人防等）进行各种形式的沟通。其配合要点类同初步设计，但比初步设计更具体和细化。

4. 出图

根据出图目的及用途（如用于招标投标、报建、审图及面积预复核，日照、节能、施工等），确定图纸深度、内容及使用范围，进行施工图图纸准备，组织各专业签字、盖章。

四、施工配合阶段

1. 项目交底

设计总负责人和各专业负责人到工地现场，对项目总体进行介绍，并针对各专业需要特别注意的施工难点和易出问题的地方进行提醒，并逐条回复施工单位的交底疑问。

2. 工地现场服务

根据施工现场要求，设计人员现场勘查，就施工中遇到的问题商讨解决方案，后期正式对工地发放设计变更单。

3. 分部验收和竣工验收

根据验收要求，相关专业人员到现场配合验收，检查按设计文件施工的完成度，保证工程质量。

第一章 建筑法规与规范

一、建筑法规概述

建设法规是国家法律体系的重要组成部分，是指国家立法机关或其授权的行政机关制定的旨在调整国家及其有关机构、企事业单位、社会团体、公民之间，在建设活动中或建设行政管理活动中发生的各种社会关系的法律、法规的总称。

建筑法规具有四大特征：行政性、政策性、经济性、技术性。

二、建筑法规、法律的内容

（一）广义建筑法规体系构成

广义建筑法规体系包括：建筑法律、行政法规、部门规章、地方性法规、地方政府规章。

（二）建筑法规立法时遵循的基本原则

1. 确保工程质量的原则；
2. 确保工程建设符合安全标准的原则；
3. 遵守国家法律法规的原则；
4. 合法权益受法律保护的原则。

（三）建设法律、法规内容

建设行业常用法律法规如下：

1. 《中华人民共和国建筑法》；
2. 《中华人民共和国城市规划法》；

3.《中华人民共和国土地管理法》；

4.《中华人民共和国环境保护法》；

5.《中华人民共和国城市房地产管理法》；

6.《中华人民共和国民法典》；

7.《中华人民共和国注册建筑师条例实施细则》；

8.《建设工程勘察设计管理条例》。

设计师在施工图设计及项目配合中应依据相关法律、法规进行。

（四）建筑法规与规范内容

建筑设计图纸深度应符合国家关于建筑工程文件编制深度的规定，并应符合行业、地方等规定和标准。编制设计文件时亦可参照和选用国家、地方标准图集。各类法规和标准都会不定期更新，使用时注意采用现行版本。

1. 常用总图、建筑专业技术法规类型

（1）制图类：如《房屋建筑制图统一标准》《建筑制图标准》《总图制图标准》等；

（2）设计类：如《工程建设标准强制性条文》（城市建设部分）、《工程建设标准强制性条文》（城乡规划部分）、《工程建设标准强制性条文》（房屋建筑部分），《民用建筑设计统一标准》，《建筑设计防火规范》等；

（3）标准图、通用图和统一技术措施类：如国家标准图集，地方标准图集，设计通用图集，统一技术措施（初步设计、施工图）等。

2. 总图、建筑专业常用现行标准、文件、通用图集、标准图集目录

总图专业常用现行标准、文件目录（不完全统计）见表1-1；建筑专业常用现行标准、文件目录（不完全统计）见表1-2；总图、建筑专业常用现行通用图集、标准图集目录见表1-3。

总图专业常用现行标准文件目录（不完全统计）   表1-1

类别	标准名称	现行版本	备注
通用规定	建筑工程设计文件编制深度规定	2016年版	替代2008年版
	房屋建筑制图统一标准	GB/T 50001—2017	
	总图制图标准	GB/T 50103—2010	
	建筑制图标准	GB/T 50104—2010	
	民用建筑设计术语标准	GB/T 50504—2009	
	建设工程分类标准	GB/T 50841—2013	
	深圳市城市规划标准与准则	2017年版	2017年局部修订
	深圳市建筑设计规则	2019年版	原[2014]402号废止

续表

类别	标准名称	现行版本	备注
总图规划	城市规划基本术语标准	GB/T 50280—98	
	城市用地分类与规划建设用地标准	GB 50137—2011	
	城乡用地评定标准	CJJ 132—2009	
	防洪标准	GB 50201—2014	
	城乡建设用地竖向规划规范	CJJ 83—2016	
	城市综合交通体系规划标准	GB/T 51328—2018	
	城市绿地设计规范	GB 50420—2007	2016 年局部修订
	城市居住区规划设计标准	GB 50180—2018	
	居住区环境景观设计导则	2006 年版	
	全国民用建筑工程设计技术措施　规划·建筑·景观	2009JSCS-1	
	工程建设标准强制性条文 城乡规划部分	2013 年版	
总图交通、道路	城市停车规划规范	GB/T 51149—2016	
	城市停车设施规划导则	建城〔2015〕129 号	住房和城乡建设部
	城市停车设施建设指南	建城〔2015〕142 号	住房和城乡建设部
	城市公共停车场工程项目建设标准	建标 128—2010	住房和城乡建设部 国家发展和改革委员会
	机械式停车库工程技术规范	JGJ/T 326—2014	
	城市道路公共交通站、场、厂工程设计规范	CJJ/T 15—2011	
	建设项目机动车出入口开设技术指引（试行）		深圳市交通运输委员会
	深圳市民用建筑配建公交场站设计导则（试行）		深圳市交通运输委员会
	城市道路工程设计规范	CJJ 37—2012	2016 年局部修订
	城市桥梁设计规范	CJJ 11—2011	2019 年局部修订
	城镇道路养护技术规范	CJJ 36—2016	
	城市地下道路工程设计规范	CJJ 221—2015	
	城市道路交叉口设计规程	CJJ 152—2010	
	城镇道路路面设计规范	CJJ 169—2012	

类别	标准名称	现行版本	备注
总图交通、道路	城市道路路基设计规范	CJJ 194—2013	
	透水水泥混凝土路面技术规程	CJJ/T 135—2009	
	透水砖路面技术规程	CJJ/T 188—2012	
	透水沥青路面技术规程	CJJ/T 190—2012	
	建筑边坡工程技术规范	GB 50330—2013	
总图消防	城市消防规划规范	GB 51080—2015	
	城市消防站设计规范	GB 51054—2014	
	深圳市建设工程消防车登高操作场地设置管理规则(试行)		深圳市规划和国土资源委员会(海洋局)等
	深圳市规划国土委关于建筑消防登高操作场地相关工作的报告	深规土〔2016〕793 号	深圳市规划和国土资源委员会
总图市政	城市工程管线综合规划规范	GB 50289—2016	
	城市综合管廊工程技术规范	GB 50838—2015	
	海绵城市建设技术指南——低影响开发雨水系统构建(试行)	建城函〔2014〕275 号	住房和城乡建设部

建筑专业常用现行标准、文件目录（不完全统计）　　　　表 1-2

类别	标准名称	现行版本	备注
常用民用建筑	民用建筑设计统一标准	GB 50352—2019	
	人民防空地下室设计规范	GB 50038—2005	
	无障碍设计规范	GB 50763—2012	
	无障碍建设指南	2009 年 8 月出版	住房和城乡建设部标准定额司
	住宅设计规范	GB 50096—2011	
	住宅建筑规范	GB 50368—2005	
	住宅性能评定技术标准	GB/T 50362—2005	
	托儿所、幼儿园建筑设计规范	JGJ 39—2016	2019 年局部修订
	中小学校设计规范	GB 50099—2011	
	中小学校体育设施技术规程	JGJ/T 280—2012	
	老年人照料设施建筑设计标准	JGJ 450—2018	替代 GB 50340—2016 及 GB 50867—2013

类别	标准名称	现行版本	备注
常用民用建筑	疗养院建筑设计标准	JGJ/T 40—2019	
	医院洁净手术部建筑技术规范	GB 50333—2013	
	综合医院建筑设计规范	GB 51039—2014	
	办公建筑设计标准	JGJ 67—2019	
	宿舍建筑设计规范	JGJ 36—2016	
	图书馆建筑设计规范	JGJ 38—2015	
	旅馆建筑设计规范	JGJ 62—2014	
	档案馆建筑设计规范	JGJ 25—2010	
	文化馆建筑设计规范	JGJ/T 41—2014	
	剧场建筑设计规范	JGJ 57—2016	
	电影院建筑设计规范	JGJ 58—2008	
	体育建筑设计规范	JGJ 31—2003	
	商店建筑设计规范	JGJ 48—2014	
	饮食建筑设计标准	JGJ 64—2017	
	车库建筑设计规范	JGJ 100—2015	
	城市公共厕所设计标准	CJJ 14—2016	
	生活垃圾转运站技术规范	CJJ/T 47—2016	
	建筑设计防火规范	GB 50016—2014	2018 年局部修订
	建筑内部装修设计防火规范	GB 50222—2017	
	建筑高度大于 250 米民用建筑防火设计加强性技术要求(试行)	公消〔2018〕57 号	公安部消防局
	汽车库、修车库、停车场设计防火规范	GB 50067—2014	
	人民防空工程设计防火规范	GB 50098—2009	
建筑节能	广东省公安厅关于加强部分场所消防设计和安全防范的若干意见	粤公通字〔2014〕13 号	广东省公安厅
	公共建筑节能设计标准	GB 50189—2015	
	节能建筑评价标准	GB/T 50668—2011	
	绿色建筑评价标准	GB/T 50378—2019	替代 GB/T 50378—2014
	夏热冬暖地区居住建筑节能设计标准	JGJ 75—2012	
	《夏热冬暖地区居住建筑节能设计标准》广东省实施细则	DBJ 15—50—2006	广东省建设厅

类别	标准名称	现行版本	备注
建筑节能	居住建筑节能设计规范	SJG 45—2018	深圳市住房和建设局
	《公共建筑节能设计标准》广东省实施细则	DBJ 15—51—2007	广东省建设厅
	公共建筑节能设计规范	SJG 44—2018	深圳市住房和建设局
	民用建筑绿色设计规范	JGJ/T 229—2010	
建筑环境	严寒和寒冷地区居住建筑节能设计标准	JGJ 26—2018	替代 JGJ 26—2010
	建筑气候区划标准	GB 50178—93	
	民用建筑隔声设计规范	GB 50118—2010	
构造措施	建筑隔声评价标准	GB/T 50121—2005	
	建筑地面设计规范	GB 50037—2013	
	地下工程防水技术规范	GB 50108—2008	
	墙体材料应用统一技术规范	GB 50574—2010	
	屋面工程技术规范	GB 50345—2012	
	铝合金门窗	GB/T 8478—2008	
	建筑幕墙	GB/T 21086—2007	
	建筑安全玻璃管理规定	发改运行[2003]2116号	国家发展和改革委员会,建设部等
	倒置式屋面工程技术规程	JGJ 230—2010	
	种植屋面工程技术规程	JGJ 155—2013	
	建筑外墙防水工程技术规程	JGJ/T 235—2011	
	外墙外保温工程技术标准	JGJ 144—2019	
	抹灰砂浆技术规程	JGJ/T 220—2010	
	预拌砂浆应用技术规程	JGJ/T 223—2010	
	玻璃幕墙工程技术规范	JGJ 102—2003	
	建筑玻璃应用技术规程	JGJ 113—2015	
	金属与石材幕墙工程技术规范	JGJ 133—2001	
	铝合金门窗工程设计、施工及验收规范	DBJ 15—30—2002	广东省建设厅
	建筑防水工程技术规程	DBJ 15—19—2020	广东省住房和城乡建设厅
	深圳市建设工程防水技术标准	SJG 19—2019	深圳市住房和建设局

总图、建筑专业常用现行通用图集、标准图集目录　　　　　表 1-3

类别	通用图、标准图名称	现行版本	备注
总图	民用建筑工程总平面初步设计、施工图设计深度图样	05J804	
	城市道路——初步设计、施工图设计深度图样	15MR101	替代 05MR101
	城市道路——路拱	05MR104	
	城市道路与开放空间低影响开发雨水设施	15MR105	
	城市道路——沥青路面	15MR201	替代 05MR201
	城市道路——水泥混凝土路面	15MR202	替代 05MR202
	城市道路——人行道铺砌	15MR203	替代 05MR203
	城市道路——透水人行道铺设	16MR204	替代 10MR204
	城市道路——环保型道路路面	15MR205	
	城市道路——软土地基处理	15MR301	替代 05MR301
	城市道路——附属工程	05MR401	
	城市道路——装配式挡土墙	07MR402	
	城市道路——护坡	07MR403	
	城市道路——路缘石	05MR404	
	城市道路——无障碍设计	15MR501	替代 05MR501
	城市道路——安全防护设施	05MR602	
	道路(1993年合订本)	J007-1～8	
	挡土墙(重力式、衡重式、悬臂式)	17J008	替代 04J008
	室外工程	12J003	替代 02J003
	围墙大门	15J001	替代 03J001
	地沟及盖板	J331,J332,G221	
	砌体地沟	08J332,08G221	
	环境景观-室外工程细部构造	15J012-1	替代 03J012-1
	工程做法	05J909	
	无障碍设计	12J926	替代 03J926
	《建筑设计防火规范》图示	18J811-1	替代 05SJ811,06SJ812
	机械式停车库设计图册	13J927-3	
	中小学校场地与用房	11J934-2	
	体育场地与设施(一)	08J933-1	
	国家基本比例尺地图图式 第1部分:1:500 1:1000 1:2000 地形图图式	GB/T 20257.1—2017	替代 GB/T 20257.1—2007

续表

类别	通用图、标准图名称	现行版本	备注
建筑	《建筑设计防火规范》图示（2018 年修改版）	18J811-1	国家建筑标准设计图集
	《人民防空地下室设计规范》图示	05SFJ10	国家建筑标准设计图集
	民用建筑工程设计常见问题分析及图示（建筑专业）	05SJ807	国家建筑标准设计图集
	无障碍设计	12J926	国家建筑标准设计图集
	外装修（一）	06J505-1	国家建筑标准设计图集
	蒸压加气混凝土砌块、板材构造	13J104	国家建筑标准设计图集
	平屋面建筑构造	12J201	国家建筑标准设计图集
	坡屋面建筑构造（一）	09J202-1	国家建筑标准设计图集
	屋面节能建筑构造	06J204	国家建筑标准设计图集
	地下建筑防水构造	10J301	国家建筑标准设计图集
	室外工程	12J003	国家建筑标准设计图集
	地沟及盖板	J331、J332 G221	国家建筑标准设计图集
	公用建筑卫生间	16J914-1	国家建筑标准设计图集
	公共厨房建筑设计与构造	13J913-1	国家建筑标准设计图集
	楼梯 栏杆 栏板（一）	15J403-1	国家建筑标准设计图集
	钢梯	15J401	国家建筑标准设计图集
	住宅排气道（一）	16J916-1	国家建筑标准设计图集
	变形缝建筑构造	14J936	国家建筑标准设计图集
	防空地下室建筑设计	FJ01～03	国家建筑标准设计图集
	电梯 自动扶梯 自动人行道	13J404	国家建筑标准设计图集
	人民防空工程防护设备选用图集	RFJ01-2008	国家人防行业标准图集
	建筑图集①～⑨	2011 年版（④⑤）、2013 年版（⑥⑦）、2015 年版（①②③⑧⑨）	中南地区建筑标准设计图集
	深圳建筑防水构造图集	2013 年出版	深圳市住房和建设局
	工程做法	05J909、07G120	国家建筑标准设计图集
	《汽车库、修车库、停车场设计防火规范》图示	12J814	国家建筑标准设计图集

第二章 建筑专业统一技术措施

一、统一技术措施编制目的和依据

（一）编制建筑统一技术措施意义和目的

1. 建筑统一技术措施是对建筑专业施工图编制工作的内容、深度、表达方式等进行统一要求，以此保证设计施工图文件的完整性，并把控施工图质量，便于项目的技术管理，尤其适用于大型项目，子项多、参与设计人员多的情况。

2. 建筑统一技术措施也是施工图中建筑总说明的编写基础。

（二）编制时间和依据

1. 编制时间：正式开始初步设计、施工图设计前，专业负责人将建筑统一技术措施编制完毕；项目设计进行时，根据设计条件的变更及时调整。

2. 编制依据：业主提供的设计任务书、附加设计要求、设计依据文件，与业主互动完成的"开放设计表"。

（三）编制前的准备工作

1. 专业负责人需先熟悉项目基础资料和业主确认的全套方案图纸，并研读与项目相关的国家和地方标准。

2. 与业主充分沟通设计要求和细节，认真填写开放设计表，了解业主的开发和建设标准。

二、统一技术措施内容

统一技术措施主要包括：设计依据，项目概况，图纸编制，图纸编号，图层设计，建筑平、剖面，建筑用材及构造要求，防水设计，消防设计，人防设计，无障碍设计，节能（通风）设计，面积计算原则，日照标准，图例，图集，字体。

（一）设计依据

设计依据是初步设计、施工图设计的基础。它包括宗地图、用地规划许可证、方案批文、人防工程征询单、现行国家和地方设计标准及相关规定、业主提供的项目任务书等。

（二）项目概况

1. 设计号：是对应项目的编号，方便设计单位的项目管理工作，由设计单位统一编辑确定后提供给项目设计人员。

2. 项目名称：使用"建设用地规划许可证"里的"用地项目名称"，或是"建筑物命名批复书"里的名称作为项目名称。

3. 建设单位名称：设计合同上的业主单位名称。

4. 用地周边概况和场地情况：介绍工程总用地面积；用地四周相邻地块情况；用地建筑退线要求；用地性质、场地特点等。

5. 主要经济技术指标：是项目主要技术数据的汇总，项目最重要的数据，需根据当地规划局要求的格式编写。

（三）图纸编制

1. 出图比例

出图比例可根据项目首层占地大小、建筑高度与图幅之间关系来确定，一般比例如下。

（1）平面图：地下室、地上各层平面，通常采用 1∶100 绘制，特殊情况下采用 1∶150 绘制。

（2）立面、剖面图：通常采用 1∶100 绘制，特殊情况下采用 1∶150 绘制。

（3）大样详图：单元放大图，楼梯、电梯、汽车坡道大样图，风井、门窗、厨卫、设备用房大样图一般采取 1∶50 绘制；墙身大样、集水坑、电缆沟、截水沟等采用 1∶20 绘制。

（4）其他详图比例可斟酌处理，以图纸表达清晰、布图合理美观为原则。

2. 图纸图幅

施工图图幅以 A1 图为主，尽量不用或者少用 A0 图，以方便施工单位在现场查阅图纸。

3. 确定轴网编制原则

地上部分与地下部分可以分开编制轴网，也可加脚标；对于面积规模大、分栋多的项目，地上部分按裙楼、塔楼分别编制轴网，轴号可加分区号或分栋号。

（四）图纸编号

施工图设计启动分工前，针对规模较大的项目，建筑专业需提前做好子项拆分，给出子项编辑方式，确保设计文件归属清晰，条理分明，便于施工现场读图。

1. 图号编辑：施工图阶段编号为 JS-××；多子项时增加子项号（JS-子项号-××）。例如：通用图编号 JS-00-××，地下室子编号 JS-D-×××，商业编号 JS-S-××，塔楼 1 编号 JS-01-×××，塔楼 2 编号 JS-02-×××等。

2. 图纸目录单独成页，装订在施工图封面之后的第二页。图纸编号表见表 2-1。

图纸编号表　　　　　　　　　表 2-1

版块	系列号		图纸
通用图（JS-00）	00 系列	JS-00-01	共用图、墙身节点详图（商业节点、住宅节点）
地下室（JS-D）	100 系列	JS-D-101(102…)	平、剖面图
	200 系列	JS-D-201(202…)	电梯、扶梯、坡道、楼梯详图
	300 系列	JS-D-301(302…)	设备房详图
	400 系列	JS-D-401(402…)	地下节点详图
	500 系列	JS-D-501(502…)	地下室门窗表
	600 系列	JS-D-601(602…)	人防详图系列
商业（JS-S）	100 系列	JS-S-101(102…)	平面图
	200 系列	JS-S-201(202…)	立面图
	300 系列	JS-S-301(302…)	剖面图
	400 系列	JS-S-401(402…)	电梯、扶梯、坡道、楼梯详图
	500 系列	JS-S-501(502…)	门窗、幕墙详图
1 栋（JS-01）	100 系列	JS-01-101(102…)	平面图
	200 系列	JS-01-201(202…)	立面图
	300 系列	JS-01-301(302…)	剖面图
	400 系列	JS-01-401(402…)	平面放大图
	500 系列	JS-01-501(502…)	电梯、扶梯、坡道、楼梯详图
	600 系列	JS-01-601(602…)	门窗、幕墙详图

3. 图纸编号顺序：设计总说明、材料做法表、各种设计专篇、平面图、立面图、剖面图、楼电梯大样图、卫生间放大图、设备房放大图、墙身大样、各类节点、门窗表和门窗大样。

（五）图层设计

1. 须严格按公司图层表绘制图纸。

2. 图层设计依据：《房屋建筑制图统一标准》GB/T 50001—2017。

3. 图层命名格式：图层命名采用分级形式，主次代码名称由 4 个大写字母组成，代码之间以连接符"-"分隔。

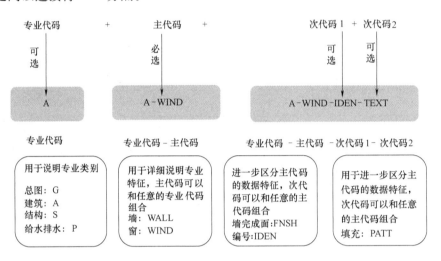

4. 线宽设置见表 2-2。

线宽设置表　　　　　　　　　　　　　　　　　　　　　　表 2-2

	线宽（比例≤1：200）	线宽（比例＞1：200）
细线	0.15	0.10
中细线	0.20	0.15
粗线	0.45	0.35
淡显 50%	0.15	0.10

5. 图层线型选用见表 2-3。

图层线型选用表　　　　　　　　　　　　　　　　　　　　表 2-3

名称	图例	CAD 线型	线宽（比例＞1：200）
实线	——————	CONTINUOUS	墙、门窗、符号、引线等
虚线	— — — — — —	HIDDEN	投影线、隐藏线、地下室轮廓线等
单点长画线	— · — · — · —	CENTER	轴线、道路中心线
双点长画线	— ·· — ·· —	PHANTOM	红线
折断线	——∿——	—	断开界线

（六）建筑平、剖面

1. 层高及净高

（1）确定项目中各种不同功能、楼层的层高和净高。

（2）层高是表述各楼层层高关系。

（3）根据业主使用要求确定功能房间净高，净高要求也是机电管线综合、结构梁高等设计的前提条件。

（4）需关注项目所处地区对各类建筑功能层高的限定值。如超过限定值，可能造成面积重复计算，增加无效计容建筑面积（具体见表2-4）。

各类建筑功能层高的限定值 表 2-4

楼层	主要功能	层高(mm)	大堂净高(mm)	电梯厅净高(mm)	走道净高(mm)	办公区域净高(mm)
1F	观光大堂	6300/6000	4700/4500	4700	—	—
2F	门厅/大堂	6000	4500	4500	—	—
3F	门厅/大堂	10250/7850	6700	6700	—	—
4F	设备	1750/4150	—	—	—	—
5F～11F	办公	4300	—	2600	2600	3000
12F	避难	4300	—	—	—	—
13F～17F	办公	4300	—	2600	2600	3000
18F	避难/设备	4300	—	—	—	—
19F～30F	办公	4300	—	2600	2600	3000
31F	办公	4300	—	2600	2400	3000
32F	避难/设备	10300	—	—	—	—
33F	大堂/办公	6000	4500	4200	4200	4500
34F	大堂/办公	4300	4500	4200	4200	4500
35F～45F	办公	4300	—	2600	2600	3000
46F	避难/设备	4300	—	—	—	—
47F～59F	办公	4300	—	2600	2600	3000
60F	办公	4300	—	2600	2400	3000
61F	避难/设备	10300	—	—	—	—

楼层	主要功能	层高(mm)	大堂净高(mm)	电梯厅净高(mm)	走道净高(mm)	办公区域净高(mm)
62F	大堂/办公	6000	4500	4200	4200	4500
63F	大堂/办公	4300	4500	4200	4200	4500
64F~83F	办公	4300	—	2600	2600	3000
84F	办公	6000	—	4200	4200	4500
85F	会所	6000	4500	—	—	—
86F	会所	6000	4500	—	—	—

2. 台阶、坡道和楼梯

（1）台阶。根据台阶所在位置（室内还是室外）不同，提出不同的设计要求。注意总高度超 700mm 的临空面需采取防护措施。如为阶梯教室、体育场馆和影剧院观众厅，纵走道的台阶设置应按照国家现行相关标准的规定。

（2）坡道。根据室内坡道、室外坡道提出各自坡度，是否需要设置休息平台，防滑等设计要求。注意总高度超 700mm 的临空面需采取防护措施。如为轮椅使用的无障碍坡道、机动车和非机动车坡道，其设置应按照国家现行相关标准的规定。

（3）楼梯。编制出楼梯统一编号，例如：LT-1，D-LT1。楼梯数量和宽度需按照使用功能计算而得，计算规则可写入统一技术措施。统一楼梯梯段和休息平台宽度尺寸，建议普通疏散用楼梯间梯段及休息平台结构宽度尺寸，在规范要求的最小净宽尺寸基础上梯段部分增加 100mm，休息平台增加 50mm，作为抹灰层、栏杆安装空间（栏杆扶手选用，需注意宽度尺寸，过大将会影响楼梯净宽）。确定楼梯的踏步宽度和高度。楼梯平台的结构下缘至人行道的垂直高度不应低于 2m，楼梯净高不应小于 2.20m［楼梯净高为自踏步前缘线（最低和最高一级踏步前缘线以外 0.30m 范围内）量至垂直上方凸出物下缘间的竖直高度］。

3. 走道

（1）走道分为公共走道、套内走道，室内走道、室外走道；走道的净宽要求需满足不同建筑类型的规范要求。

（2）确定走道结构尺寸，其中走道净宽要求务必要考虑装饰面层厚度和消火栓等凸出物凸出厚度，装修标准和做法与业主协商后确定。

4. 门洞尺寸

（1）根据业主要求或设计通常做法确定功能用房门洞尺寸：宽×高。

（2）普通门洞两侧至少要预留 50mm 门垛，便于门完全开启；消防疏散门、无障碍通行门需考虑门洞内门框宽度 150mm（提前同业主指定的门窗专业公司沟通确定），预先考虑好门洞宽度，以满足疏散门的净宽要求。

（3）各功能机房的门洞大小需与机电专业协商确定。

（4）同一空间的门顶高度尽量保持一致。管道井防火门有门槛，此处门高应去掉门槛高部分。

5. 门窗编号

门窗编号一般按照材料和使用功能不同进行编制，一般编号如下：

FM甲（乙、丙）——防火门甲（乙、丙）；

FC甲（乙、丙）——防火窗甲（乙、丙）；

FGM甲（乙、丙）——防火隔声门甲（乙、丙）；

TFJ——特级防火卷帘；

M——木门；

LM——铝合金门；

LC——铝合金窗；

LMC——铝合金门连窗；

MQ——玻璃幕墙；

LBY——铝合金百叶。

6. 栏杆

（1）阳台、外廊、室内回廊、内天井、上人屋面及室外楼梯等临空处应设置防护栏杆。

（2）不同位置和不同高度处有不同的栏杆高度要求。

（3）注意可踏面的位置和高度认定，栏杆高度应从可踏面完成面算起，铁艺栏杆慎用横向装饰线条，防止可攀爬问题出现。

（4）建议公共场所栏杆离地面0.1m高度范围内不留空（用实体做翻边），避免高空落物或有水时直接落到下层。

（5）儿童及青少年使用的专用场所必须采取防止攀爬的构造，垂直杆件时杆件净间距不大于0.11m。

7. 电梯

（1）在初步和施工图设计开始前，业主应提供电梯品牌和载重量资料，从而确定电梯井道尺寸、基坑深度、冲顶高度、机房大小与净高、速度等。

（2）消防电梯、无障碍电梯、担架电梯的设置需根据规范要求跟业主方做充分沟通，避免电梯招标投标时出现疏漏。

（3）超高层建筑，单筒电梯需设置泄压口，避免产生噪声，泄压口数量和位置可与电梯公司协商确定，注意泄压口的安全防护。

（4）确定电梯编号。

电梯编号一般形式为：A-DT-×［栋号（如为一栋楼可以省略)-电梯-编号（如一栋楼只有一部电梯可以省略)］。比如，1-DT-2（1栋2号电梯）。

不同使用功能电梯编号（不带栋号）如下：

载货电梯——HDT-×；客梯——DT-×；消防电梯——XDT-×；汽车电梯——QDT-×；商业电梯——SDT-×。

（5）每个项目在施工图里应给出电梯明细表，具体见表2-5。

电梯明细表　　　　　　　　　　　　表 2-5

电梯位置	1栋		2栋		3栋		地下室	
电梯编号	1-DT	1-XDT	2-DT	2-XDT	3-DT	3-XDT	D-DT-1	D-DT-2
种类	客梯	消防梯兼担架电梯、无障碍电梯	客梯	消防梯兼担架电梯、无障碍电梯	客梯	消防梯兼担架电梯、无障碍电梯	客梯	客梯
载重量（kg）	1050	1150	1050	1150	1050	1150	1050	1050
速度（m/s）	2.0	2.0	2.0	2.0	2.0	2.0	2.0	2.0
电梯顶层净高度（m）	4.9	4.9	4.9	4.9	4.9	4.9	4.8	4.8
机房净空（m）	≥2.5	≥2.5	≥2.5	≥2.5	≥2.5	≥2.5	无机房	无机房
机房尺寸（mm）	2200×5000	2200×2600	2200×5000	2200×2600	2200×5000	2200×2600	—	—
电梯行程　屋顶层								
电梯行程　三十层	■	■	■	■	■	■	■	
电梯行程　二十九层	■	■	■	■	■	■	■	
电梯行程　二~二十八层	■	■	■	■	■	■	■	
电梯行程　一层	■	■	■	■	■	■	■	
电梯行程　半地下一层	■	■	■	■	■	■	■	■
电梯行程　地下一层	■	■	■	■	■	■	■	■
井道尺寸（宽×深）(mm)	2100×2200	2100×2200	2100×2200	2100×2200	2100×2200	2100×2200	2100×2200	2100×2200
底坑深度(mm)	1950	1950	1950	1950	1950	1950	1950	1950

注：1. 所有消防电梯兼无障碍电梯，各层层高及标高详见各电梯所在平立剖面图，凡电梯底坑下有人能到达空间处，其上部的电梯对重（或平衡锤）应设有安全钳装置。

2. "■"为电梯停靠楼层。

（6）对于不落地电梯，电梯井道投影下方使用方式需跟建设方协商确定。该处空间不使用，则用砌体墙封闭；如使用，井道中采用安全钳措施。

（7）电梯门间隔超过 11m 时需设安全门，安全门尺寸需电梯厂家给出。

8. 幕墙

（1）常用的幕墙有石材幕墙、玻璃幕墙、铝板幕墙、陶板幕墙等。

（2）对垂直的玻璃幕墙与不小于 0.8m 高的水平结构之间的缝隙填充材料应采用不燃烧材料，无窗槛墙时应在每层楼板外沿设置耐火极限不低于 1.00h、高度不低于 0.80m 的不燃烧实体墙裙。

（3）窗台不高于地面完成面 0.8m 时应设置安全护栏，材料和构造应满足安全和美观的需求。

（4）施工图应有幕墙数量、尺寸统计表及幕墙放大图。

（5）根据建筑幕墙高度不同，龙骨所占外墙宽度 250～375mm 不等，建筑平面应清楚表达幕墙外轮廓，以免后期发现幕墙凸出建筑红线无法验收、面积核准失误等。

（6）幕墙龙骨预埋件预埋方式有侧埋和顶埋两种，可事先与业主、幕墙公司协商确定。

9. 管井

（1）各种管井的名称按中文编写，可使用简称，分项工程分项编写。

（2）管井尺寸依据设备专业所提条件图。

10. 结构降板要求

（1）设备专业提机房要求，建筑确定机房降板高度。

（2）厨房、卫生间、垃圾、茶水间等用水房间降板与给水排水专业排水方式有直接关系，根据装修标准和后期维修方式确定降板高度。

（3）H 为建筑面标高，结构标高与建筑标高两者是有差别的；结构降板高低与建筑装修标准有直接关系，因此须事先跟业主确认各房间装修标准。

（4）阳台、露台（露台下方为室外还是房间）等有水位置需考虑降板，降板多少根据装修标准、是否需要做保温隔热层来判定。

11. 住宅厨房、卫生间、凸窗

（1）厨房：应设计橱柜、排气道、洗手盆、燃气灶、吸油烟机、冰箱、热水器等；厨房是否设地漏需与业主沟通；燃气表宜放置在生活阳台，便于抄表。

（2）卫生间：根据平面大小和轮廓，合理布置洗面盆、坐便器、淋浴间、浴盆等；排气扇确定采用侧排式还是顶吸式，侧排式要确定好预留排气洞大小和位置，顶吸式安装要避免卫生间大降板造成安装高度不够的问题，安装范围采用小降板；卫生间的立管可采用卫生间内置和卫生间外挂两种形式，应与业主事先协商。

（3）住宅凸窗、空调预留：根据防火要求限定凸窗的高度；凸窗之间的空间可作为空调室外机安放处，事先确定每户空调安放原则（安放在凸窗上部还是下部）；空调采用柜机或挂机也需在施工图开始前确定；空调洞口高度根据空调形式预留，空调洞口编号例如：KD1、KD2。

12. 地下室

（1）根据地下室结构形式、有无人防、业主要求及规范净高要求确定地下室层高。

（2）地下室顶板覆土厚度需结合地下室净高和给水排水专业地面排水需求统筹后确定。

（3）分别对地下车库坡道出入口、汽车库车道和停车位、自行车库净高进行控制。

（4）确定车库坡道的坡度，车库接室外的坡道上下需增设截水沟，起坡前段另设反方向坡度以防止暴雨时地面水灌入地下室。

（5）当地下室轮廓大于首层平面，应注意确定超出范围的地下室顶板标高，核算地下室高度是否满足车库或设备用房要求。

（6）集水坑编号由给水排水专业编制，结构专业、建筑专业沿用。

（七）建筑用材及构造要求

（1）统一技术措施中对主要构造做法进行规定，为施工图的材料做法表做准备。

（2）主要构造做法包括砌体材料（地上部分和地下部分）、外装修材料、内装修材料（地面、墙面、顶棚）构造做法。

（八）防水设计

1. 地下室防水需要确定的内容：防水等级、抗渗等级、防水材料、种植屋面、管道穿地下室外墙的技术要求。

2. 屋面防水需要确定的内容：防水等级、防水材料、屋面雨水口的做法、屋面分格缝的做法等。

3. 厨房、卫生间、阳台、露台防水需特别注意，砌块墙根部要做混凝土基带。

4. 外墙防水需要确定的内容：防水等级、使用年限、外墙防水材料。

5. 水池防水需要确定的内容：防水等级、防水材料。此处主要指现浇的消防水池，生活水池基本采用成品水池。

6. 需重视地下室防水节点大样，桩顶防水密封环、桩承台附加防水层等。避免图纸节点缺漏，导致施工清单漏项。

7. 举例说明：

（1）屋面防水：屋面防水等级为Ⅰ级，二道设防。采用倒置式防水屋面，保温层采用挤塑聚苯乙烯保温板。其中两道柔性防水层选用防水卷材和涂膜，另一道设40mm厚补偿收缩混凝土防水层。

（2）地下室防水：地下室防水等级为Ⅱ级，地下室围护结构采用抗渗混凝土掺外加剂，其抗渗等级不低于 P8，厚度不小于 300mm（详见结构图纸），迎水面附加聚氨酯涂膜防水层（或防水卷材），局部加层涂刷并带胎体增强。侧壁采用 30mm 厚聚苯板保护层，顶板设置 70mm 厚配筋混凝土保护层。

（3）外墙防水：外墙满挂钢丝网后抹灰找平，采用聚合物水泥基防水涂膜。

（4）厨房、卫生间防水：厨房的墙面、地面采用聚合物水泥砂浆防水，卫生间的墙面、地面采用聚合物水泥基防水涂膜防水。砌块墙体根部浇筑 200mm 高与墙同厚的 C20 混凝土。

（九）消防设计

1. 这部分主要是为消防设计专篇制定编制原则。

2. 重点确定民用建筑的分类、厂房仓库生产的火灾危险性分类、耐火等级、防火分区、安全疏散等的基本原则。

（1）建筑分类及耐火等级

本工程属一（二）类高层建筑，耐火等级为一（二）级。

（2）总平面消防设计

登高面：×栋的×侧为消防登高面，消防登高面道路宽为 6m，路边距登高面为 5～10m，消防登高面一侧不应布置高度大于 5m、进深大于 4m 的裙房，且在此范围内必须设有直通室外的楼梯或直通楼梯间的出口。登高面宜在用地红线内解决，条件限制时可利用绿化带作登高面，但绿化带下应设硬地，并按消防车总重 300kN 计算。当建筑物凹入处进深不大于 4m（净宽）时，该凹入范围可计入 1/4 建筑周边长度算作登高面；如凹槽宽度不大于 2.5m（净宽），该宽度不计入建筑周边总长度。

消防车道：高层建筑周围宜设环形或沿建筑的两个长边设置消防车道；尽端式消防车道应设 18m×18m 回车场。消防车最小转弯半径：高层 12m，多层 9m。高层建筑的沿街长度超过 150m 或总长度超过 220m 时应设穿过高层建筑的消防通道。高层建筑应设有连通街道和内院的人行通道，通道之间的距离不宜超过 80m。穿过高层建筑的消防车道，其净宽和净高均应不小于 5m。（以当地消防大队内部加强措施为准）

（3）疏散走道净宽度要求

疏散走道净宽度需根据建筑类型的疏散人数进行计算。

疏散宽度计算：楼梯间及走道疏散宽度按每 100 人的最小疏散净宽度不小于表 2-6 的规定计算。

疏散人数计算原则：根据不同建筑类型，查找规范上使用人数的限定。同一个项目里有几个不同功能的，分功能进行疏散人数取值。例如：商业部分需满足《建筑设计防火规范》GB 50016—2014（2018 年版）的规定（具体见表 2-7）。办公部分防火分区按 $9m^2$/人计算疏散人数。餐厅按 $1.3m^2$/座或固定座位，包房按固定人数计算疏散人数。会议厅按固定座位人数计算。

楼梯间及走道每 100 人最小疏散净宽度（m/百人）   表 2-6

建筑层数		建筑的耐火等级		
		一、二级	三级	四级
地上楼层	1～2 层	0.65	0.75	1.00
	3 层	0.75	1.00	—
	≥4 层	1.00	1.25	—
地下楼层	与地面出入口的高差 $\Delta H \leqslant 10m$	0.75	—	—
	与地面出入口的高差 $\Delta H \geqslant 10m$	1.00	—	—

商店营业厅内的人员密度表   表 2-7

楼板位置	地下第二层	地下第一层	地上第一、二层	地上第三层	地上第四及以上各层
人员密度（人/m^2）	0.56	0.60	0.43～0.60	0.39～0.54	0.30～0.42

注：按照《建筑设计防火规范》GB 50016—2014（2018 年版）的规定，商业部分的疏散人数应按每层营业厅的建筑面积乘以规定的人员密度计算。对于建材商店、家具和灯饰展示建筑，其人员密度可按规定值的 30％确定。

（4）避难层消防设计

计算每个避难层间避难人数和所需避难面积，避难面积计算标准为 5 人/m^2，塔楼避难层面积见表 2-8。

塔楼避难层面积   表 2-8

层数	保护区域（办公）	办公面积（m^2）	避难人数（人）	所需避难面积（m^2）	现有避难面积（m^2）	避难区域所在层面积（m^2）	备注
10 层	一区（11～24 层）	50330	5593	1119	1150	3940	1. 设备层及避难区域所在层的面积不计入保护区域内；2. 办公人员密度指标：9m^2/人；3. 避难面积计算标准：5 人/m^2
25 层	二区（27～34 层）	25236	2804	561	581	3270	
35 层	三区（36～47 层）	37372	4153	831	915	3139	
48 层	四区（50～63 层）	42477	4720	944	981	3090	
64 层	五区（65～78 层）	42148	4683	937	964	3033	
79 层	六区（81～94 层）	40981	4553	911	943	2988	
95 层	七区（96～109 层）	32313	3591	719	732	2857	
111 层	八区（112～115 层）	4817	536	107	283	1586	
合计	—	275674	30633	6129	6549	—	

（5）防火材料

防火墙：轻质陶粒混凝土或同等性能的砌块墙 190mm 或 90mm 厚（图注 200mm 或 100mm）双面抹灰耐火极限≥3.0h。

隔墙：轻质陶粒混凝土或同等性能的砌块墙 190mm 或 90mm 厚（图注 200mm 或 100mm）双面抹灰耐火极限≥1.0h。

防火分区用防火卷帘：特级复合防火卷帘门，即包括背火面升温作为耐火极限判定条件，其耐火极限不低于 3.0h。

防火门：分为甲级（耐火极限 1.5h），乙级（耐火极限 1.0h），丙级（耐火极限 0.5h）。通常设置在防火分区上的人行连通口，甲级（耐火极限 1.5h）。

设备机房：甲级（耐火极限 1.5h）。

防烟楼梯间及前室门：乙级（耐火极限 1h），局部位于两相邻防火分区处采用甲级。

管道检修门：丙级（耐火极限 0.5h），局部位于前室的管井门采用甲级。

挡烟垂壁：部分利用混凝土梁作挡烟垂壁；防烟分区内混凝土梁下垂高度小于 500mm 处，或二次装修有吊顶房间大于 $500m^2$ 时采用自动回转式挡烟垂壁，下垂高度 500mm。

电梯门：层间门耐火极限 1h。

（十）人防设计

根据当地人防办的具体要求和项目"人防征询单"的要求进行设计。

（十一）无障碍设计

1. 设计依据：《无障碍设计规范》GB 50763—2012。

2. 设计范围及主要措施：

（1）酒店主入口、商务公寓主入口、入口平台及门；入口设轮椅坡道和扶手；门采用平开门。

（2）公共通道：地面防滑，在地面高差处设坡道和扶手。

（3）楼梯：带休息平台的直线形楼梯，踏步有踢面和扶手。

（4）电梯：电梯厅考虑无障碍使用要求。

（5）公共厕所：独立或内设无障碍厕位。

（6）停车位、人行道、公共绿地、儿童活动场：均设有配套面积和无障碍设施。

（7）乘轮椅者开启的门扇，应安装视线观察玻璃、横执把手和关门拉手，在门扇的下方应安装高 0.35m 的护门板。门扇在一只手操纵下应易于开启。

（8）门槛高度及门内外地面高差不应大于 15mm，并应以斜面过渡。

（9）需要注意：

① 只有无障碍坡道无台阶的主出入口，坡道坡度应为 1：20。

② 查找当地规划设计标准和准则，确定无障碍房间设定原则。

(十二) 节能（通风）设计

以夏热冬暖地区为例。

1. 夏热冬暖地区居住建筑的东、西向外窗必须采取建筑外遮阳措施，建筑外遮阳系数 SD 不应大于 0.8。

2. 节能选材及构造。

（1）屋面做法：

6～8mm 厚防滑地砖（采用瓷砖专用粘结剂、勾缝剂）。

40mm 厚 C20 细石混凝土找平层，内配 $\phi4@150$ 钢筋网片，不大于 3m 双向分格缝，切缝宽 5mm 深 20mm，单组分聚氨酯（Ⅰ型）建筑密封膏填缝，内灌沥青。

泡沫混凝土或陶粒（预处理）混凝土找坡 2%，最薄处 30mm 厚。

满铺 200g/m² 土工布隔离层。

XPS 挤塑聚苯乙烯泡沫塑料板（燃烧性能为 B1 级）（厚度根据节能计算要求确定）。

3mm 厚单面自粘聚合物改性沥青防水卷材（长纤聚酯胎），四周沿墙上翻建筑完成面以上至少 500mm，且压入泛水槽内封闭。

2mm 厚非固化橡胶沥青防水涂料或 2mm 厚单组分聚氨酯防水涂料，四周沿墙上翻建筑完成面以上至少 300mm，且压入泛水槽内封闭。

（2）墙体：钢筋混凝土剪力墙、加气混凝土砌块 190mm 厚（选用 K07 系列）。

（3）门窗：铝合金门窗，热反射镀膜玻璃或 Low-E 玻璃。

门窗的选型应注意玻璃自遮蔽系数 Se 和外窗自遮阳系数 SC 的区别。$SC=Se×$ 窗框的遮蔽系数。窗框的遮蔽系数取值：钢窗取 0.9、铝合金取 0.85～0.9、塑钢窗取 0.8～0.85。

（4）外墙内保温：30mm 厚挤塑聚苯板（厚度可根据节能计算）。

3. 可开启外窗面积要求（住宅和公建不同，公建主要看是否是绿建得分项）。

（1）居住建筑：

① 外窗（包括阳台门）的可开启面积不应小于外窗所在房间地面面积 10%。居住建筑的卧室、客厅、厨房、卫生间都应满足开启面积要求。计算中考虑不同开启方式的折减之外（上悬和下悬系数为 30%，平开和推拉无折减），还要考虑窗框的折减系数（钢窗取 0.9、铝合金取 0.85～0.9、塑钢窗取 0.8～0.85）。

② 卧室、起居室、厨房窗地面积比 1/7。

③ 厨房通风开口面积不应小于地板面积的 1/10，并不得小于 0.6m²。

④ 卫生间采光窗洞口面积不应小于地面面积的 1/10，通风开口面积不应小于地面面积的 1/20。

（2）单一立面外窗（包括透光幕墙）的有效通风换气面积应符合下列规定：

① 甲类公共建筑外窗（包括透光幕墙）应设可开启窗扇，其有效通风换气面积不宜小于所在房间外墙面积的 10%；当透光幕墙受条件限制无法设置可开启窗扇时，应设置通风换气装置。

② 乙类公共建筑外窗有效通风换气面积不宜小于窗面积的 3%。

4. 外窗气密性要求：

（1）外窗气密性应满足现行国家标准《铝合金门窗》GB/T 8478 及《建筑幕墙》GB/T 21086 的要求。

（2）根据项目类型和节能计算要求选择合适的窗框材料和玻璃类型。

（十三）面积计算

1. 计算依据：《建筑工程建筑面积计算规范》GB/T 50353—2013 及当地标准。

2. 注意事项：

（1）设计开始前根据当地测绘面积规则，复核方案面积指标。

（2）提醒业主及早请测绘公司进行预测绘工作。

（十四）日照设计

1. 日照设计主要按以下现行标准及规则执行：

《城市居住区规划设计标准》GB 50180；

《民用建筑设计统一标准》GB 50352；

《住宅设计规范》GB 50096；

《托儿所、幼儿园建筑设计规范》JGJ 39；

《老年人照料设施建筑设计标准》JGJ 450；

《宿舍建筑设计规范》JGJ 36；

《建筑日照计算参数标准》GB/T 50947；

各地日照计算规则。

2. 根据项目所在地参照正确的日照标准进行日照设计，尤其注意托儿所、幼儿园、老年人照料设施的设计标准。

3. 对于城市旧改项目，根据当地新建项目对已有建筑日照影响的规定进行把控，至少不能使原有建筑物日照状况恶化。

4. 施工图设计开始前需对上一阶段的日照图做复核计算，以免发生整体规划在后期大调整的情况。

（十五）图例

1. 统一图例的主要目的是在大项目、子项多的情况下，做到图纸统一，图面整洁。

2. 卫生洁具、设备符号应统一。

3. 图例见图 2-1。

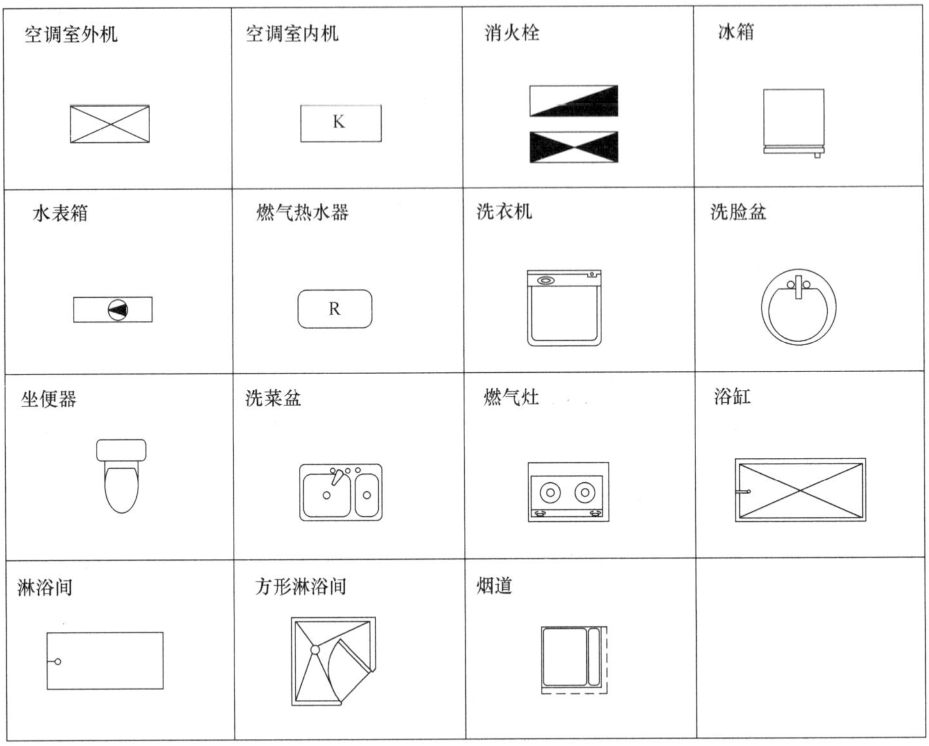

图 2-1 图例

（十六）图集

1. 在大项目、子项多的情况下，相同的做法须在统一技术措施里选定，以免各设计人选用做法不一致，造成图纸不统一。

2. 以下位置或内容一般选用通用图集及标准图集：

室外坡道、散水、室外台阶、台阶挡墙、砖砌花池、混凝土花池、室外爬梯、骑楼及商铺室外地面、楼梯栏杆、扶手阳台栏杆、卫生间隔断、厨房烟道、风帽详图、出屋面大样图、雨水斗、屋面出落口、变形缝、女儿墙泛水、爬梯、机房钢梯、扶手、防滑条、滴水、防护栏杆、出屋面门洞、无障碍坡道及扶手等。

（十七）字体设计

1. 统一字体和字号的主要目的是做到图面表达统一，图面整洁。

2. 字体设计参考依据：《房屋建筑制图统一标准》GB/T 50001—2017。

第三章 建筑设计说明及材料做法

一、建筑设计说明

（一）建筑设计说明的目的

1. 建筑设计说明是针对设计图纸没有办法充分表达的内容以及施工单位对设计文件理解上的疑问，所进行的文字形式的解释，用于指导施工。

2. 向各类审查单位说明，在设计中对他们关注的问题是如何处理的，设计依据是什么，以应对通过各类审查。

3. 设计成果有着相应的法律责任和合同责任。对设计方应该承担的责任不能回避；对不是设计方应该承担的责任，要向所有使用设计文件的人加以申明。比如，某项工作不属于建筑设计范畴，但又与设计工作有一定的联系，就要用说明条款把责任界定清楚，分清责任范围。

（二）建筑设计说明的内容

1. 设计依据

列出本项目所获得的规划阶段、方案阶段及初步设计阶段的政府批文，作为施工图的设计依据。

2. 主要的应用标准

包括主要应用的设计标准，应注意新旧标准的替换及当地技术标准的应用。

3. 工程概况

说明包括项目名称、建设地点、周边概况、建设单位、建筑面积、建筑基底面积、项目设计规模等级、设计使用年限、建筑层数和建筑高度、建筑防火分类和耐火等级、人防工程类别和防护等级、主要结构类型、抗震设防烈度等，以及能反映建筑规模的主要技术经济指标。深圳市规定的主要技术经济指标见表 3-1（仅供参考，以当地政府规定的表格要求为准）。

主要技术经济指标表 表 3-1

一、项目概况			
项目名称		用地单位	
宗地号/宗地代码		用地位置	
二、主要技术经济指标			
建设用地面积	m^2	总建筑面积	m^2
计容积率建筑面积	m^2	容积率/规定容积率	
地上规定建筑面积	m^2	不计容积率建筑面积	m^2
地上核减建筑面积	m^2	地下规定建筑面积	m^2
地上核增建筑面积	m^2	地下核增建筑面积	m^2
建筑基底面积	m^2	建筑覆盖率（一级/二级）	%
绿地面积/折算绿地面积	m^2	绿化覆盖率	%
建筑最高高度	m	最大层数（地上/地下）	层
机动车停车位（地上/地下）	辆	自行车停车位（地上/地下）	辆

三、本期建筑面积及分配					
总建筑面积 m^2			建筑功能	建筑面积（m^2）		
				规定	核减	合计
计容积率建筑面积 m^2	计规定容积率建筑面积 m^2	地上				
		地下				
	地上核增建筑面积 m^2					
不计容积率建筑面积 m^2	地下核增建筑面积 m^2					

四、本期住宅户型比例			
项目	总量	套内建筑面积 <90m^2 户型数	套内建筑面积<90m^2 户型占总量比例
户数	户	户	%
建筑面积	m^2	m^2	%

4. 图号与图例

说明各专业图纸的代号及墙体比例图例。

5. 标高及单位

需说明以下内容：

（1）建筑标高标示与总图标高标示的不同；

（2）建筑平面图中的尺寸标注单位及总图尺寸标注单位；

（3）屋顶、阳台、露台等有坡度设计的标高用结构标高标示。

6. 建筑用材及构造要求

需要说明墙体、楼地面、屋面、外墙装修、室内装修部分图纸上无法表示的做法及注意事项。

（1）墙体部分

说明地上、地下、内墙及外墙用的材料及强度；墙体的设计要求及施工时要注意的事项。

（2）楼地面部分

说明本项目主要功能的部分楼板的结构标高与建筑标高的关系；楼面有高差时填充的材料、楼面管道井的封堵等设计要求。

（3）屋面部分

说明屋面做法分类及屋面细部做法。

（4）外墙装修部分

需说明以下内容：

① 项目外墙的用材，包含玻璃幕墙的设计要求（特别是玻璃的安全性），基本风压说明（深圳地区取值），石材幕墙的设计要求，面板的设计要求，金属幕墙材料常用厚度等。

② 阳台玻璃栏杆的设计要求。

③ 室外挑出部分、窗台等部分要求做滴水线。

④ 外墙砂浆需要用防裂砂浆，贴面砖要有防脱落的技术措施。

（5）室内装修

需说明以下内容：

① 二次装修不能破坏主体设计、消防安全设计的要求。

② 室内材料必须符合室内环境污染控制规范规定的要求。

③ 室内设计必须符合室内消防装修的防火规范。

7. 门窗工程

需说明以下内容：

（1）门窗编号。

（2）安全玻璃设计的位置。

（3）门窗的技术要求：主要是四个性能（气密性、抗风性、水密性、隔声性能）

31

应根据节能计算及专业厂家计算得到。

8. 防水工程

需说明以下内容：

（1）地下室防水：防水等级、抗渗等级、防水材料、种植屋面、管道穿地下室外墙的技术要求。

（2）屋面防水：防水等级、防水材料、屋面雨水口的做法、屋面分格缝的做法等。

（3）厨房、卫生间、阳台、露台防水：砌块墙根部要做混凝土基带。

（4）外墙防水：防水等级、使用年限、外墙防水材料。

（5）水池防水：此处指钢筋混凝土消防水池，目前生活水池基本用成品水池，材质为不锈钢或玻璃钢。

（6）防潮做法：说明具体的做法。

9. 防火工程

需简单说明消防设计的耐火极限、防火分区、疏散楼梯、防火涂料、防火卷帘等的基本原则，详细的说明在消防设计专篇表述。

10. 人防工程

需简单说明人防总面积、防护单元、抗力等级等主要指标，详细的说明在人防设计专篇表述。

11. 电梯

需说明以下内容：

（1）具体参数详见电梯明细表。

（2）电梯底坑如有人员到达的空间，要做安全柱墩或安全钳。

（3）两层门之间的距离超过11m时，要做安全门。

（4）说明电梯中哪几个做了消防电梯、无障碍电梯。

（5）电梯门口做反坡，特别是消防电梯。

12. 节能设计

简单说明平面的位置及验收要求，主要详见节能设计专篇及节能计算书。

13. 环保及室内环境污染控制设计

根据规范，分一类、二类的各指标要求，确定砌块、地板、涂料、地毯等建筑室内材料的要求，确定设备用房的隔声要求。

14. 无障碍设计

说明项目根据规范要求设计的各种无障碍设施的位置及数量。

15. 安全防护设计

对建筑中的栏杆、雨篷等安全防护设计进行说明。

16. 构件防锈防腐

需明确外露构件的防锈设计以及混凝土与木材之间的防腐要求等。

17. 其他

其他需要说明的内容。

18. 特别注意事项

强调跟各二次设计单位对接的图纸需设计院认可。提示在施工中如出现问题，应与设计院协调解决。

建筑设计说明示例见图 3-1、图 3-2。

二、材料做法

（一）工程材料做法表的制作目的

1. 把工程所用的材料、制作工艺、方法都列出来，指导施工。

2. 提供结构计算的依据。

3. 提供工程造价计算的依据。

（二）工程材料做法表的内容

1. 地面做法

（1）地下室的防水材料，标明是内防水还是外防水，根据不同的防水材料，做不同的保护层。

（2）根据甲方的要求确定是结构找坡还是建筑找坡。

（3）根据地面不同的降板要求，设计不同的地面材料。

2. 楼面做法

（1）明确有水房间与无水房间的做法。

（2）面层厚度与平面降板是否符合。

（3）说明楼面的隔震及降噪措施。

3. 屋面做法

（1）屋面防水等级做法。

（2）根据项目选择防水材料，一般如果保温材料选择聚苯泡沫板，防水材料选高分子卷材、不含溶剂的高分子材料（如聚氨酯）或带厚韧性保护膜的橡胶沥青卷材（自粘卷材）。

（3）种植屋面防水材料要选耐根穿的材料。

（4）倒置式屋面一般用于保温要求高的地区，防水等级是一级。

（5）卫生间、厨房等室内防水材料选用防水涂料。

4. 外墙材料

（1）根据外立面的要求给出材料的做法。

（2）根据节能计算给出外墙保温材料的做法及厚度。

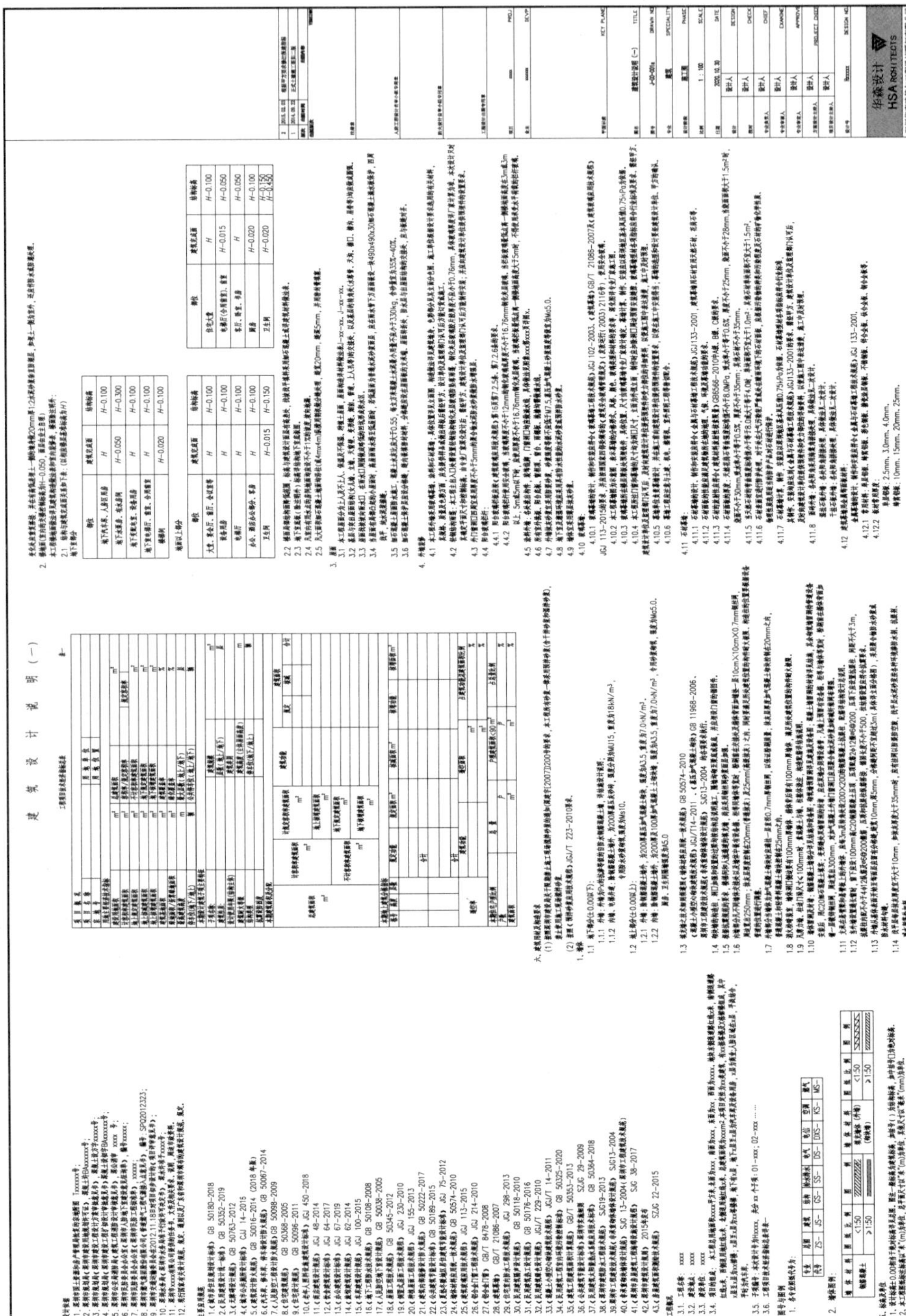

图 3-1 建筑设计说明（一）

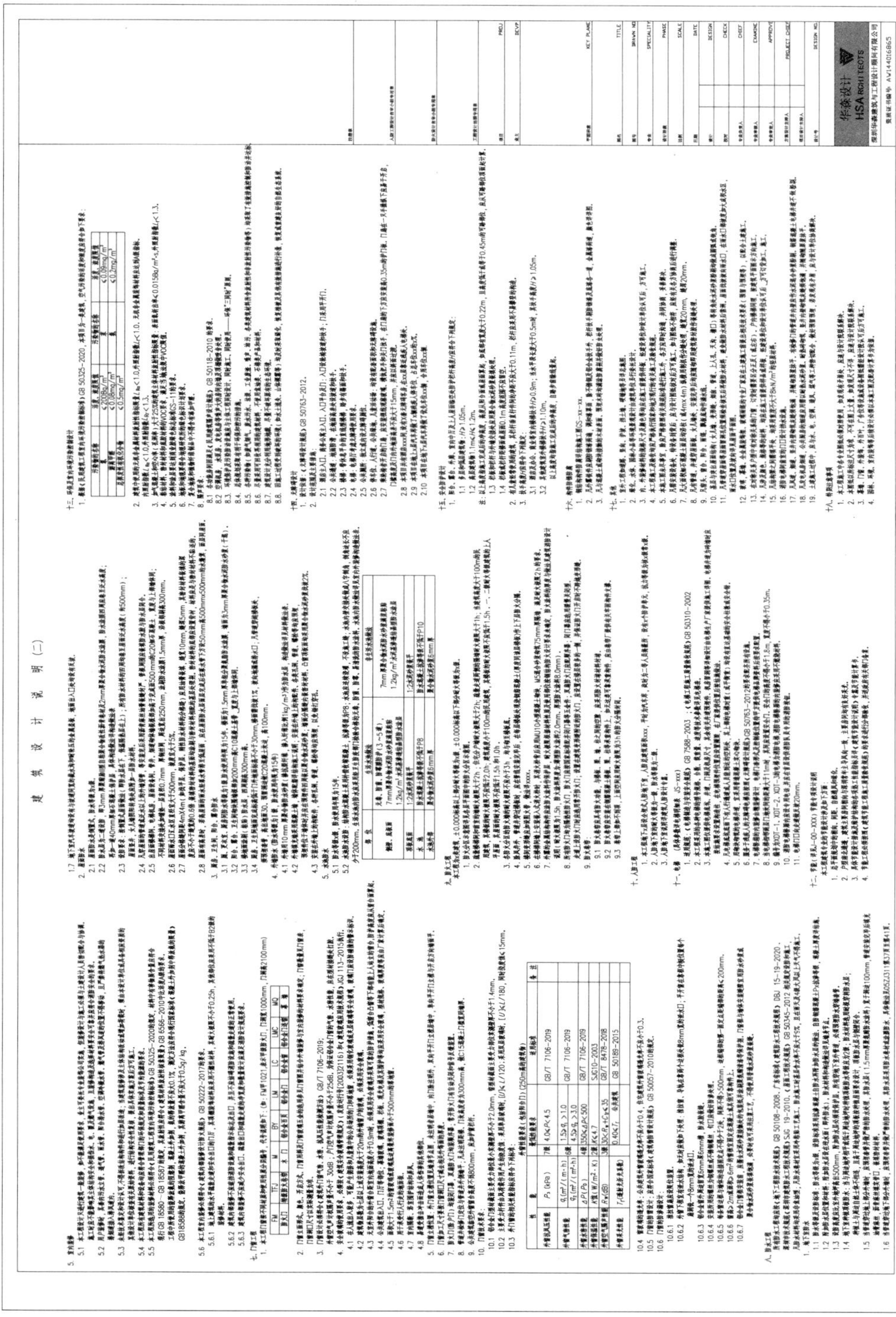

建 筑 设 计 说 明 （二）

图3-2　建筑设计说明（二）

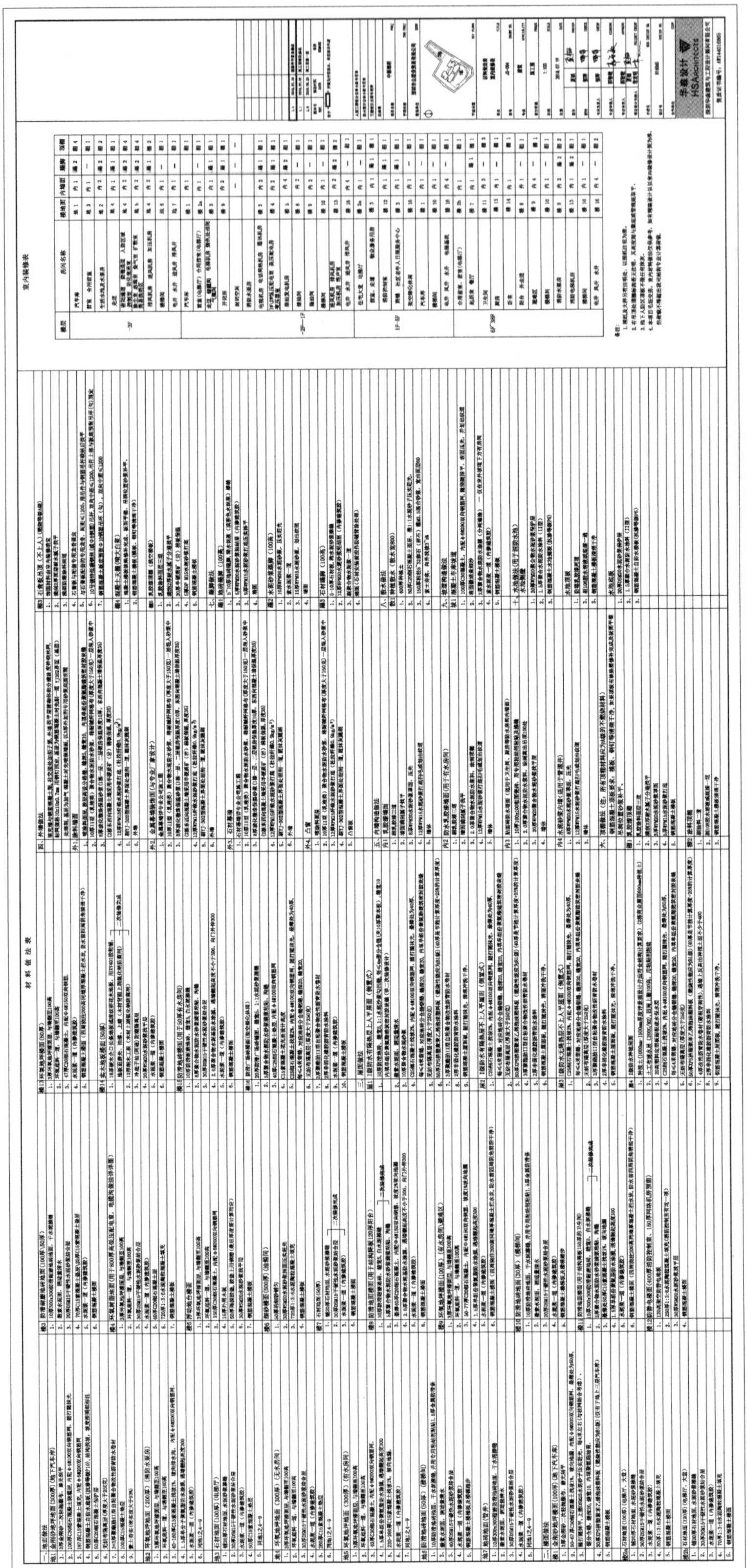

图 3-3 工程材料做法表

5. 顶棚做法

（1）根据各空间不同功能，给出不同的顶棚材料。

（2）要重点考虑有水房间及需要隔声的房间的顶棚材料。

6. 踢脚做法

踢脚的材料要与地面材料匹配。

7. 散水做法

说明散水的宽度及做法。

8. 水池做法

主要说明混凝土水池底板、侧壁和顶板的做法。

9. 地下室顶板及侧板做法

说明地下室防水的闭合性；顶板要考虑材料的碾压性及排水性。

工程材料做法表示例见图 3-3。

第四章 建筑施工图设计与制图

一、图纸目录

(一) 图纸目录编排原则

1.施工图开始设计前应提前策划图纸目录，目录应包含序号、图号、图名、图幅、版本号、修改时间以及备注等，修改图应备注主要更改原因等信息，详见图 4-1、图 4-2。

"版本号"与"修改时间"对应

		图纸目录					
序号	图号	图名		图幅	版本号	修改时间	备注
系列	000系列	专用图					
1	JS-T2-001g5	图纸目录		A1+1/4	1.5	2015.09.15	
2	JS-T2-002g2	建筑设计说明(一)		A1	1.3	2015.04.10	
3	JS-T2-003	建筑设计说明(二)		A1+1/4	1.0	2015.01.10	
4	JS-T2-004g1	电梯、扶梯明细表		A0	1.1	2015.02.13	
5	JS-T2-005g1	材料做法表(一)		A1+1/4	1.1	2015.02.13	
6	JS-T2-006g2	建筑节能设计说明专篇		A1	1.2	2015.03.30	
系列	100系列	平面图					
7	JS-T2-101g3	2号商业、办公楼	一层平面图	A0+1/4	1.5	2015.09.15	
8	JS-T2-102g3	2号商业、办公楼	二层平面图	A0+1/4	1.5	2015.09.15	
9	JS-T2-103g2	2号商业、办公楼	三层平面图	A0	1.3	2015.04.10	
10	JS-T2-104	2号商业、办公楼	四层平面图	A1	1.0	2015.01.10	
11	JS-T2-105	2号商业、办公楼	五~十层平面图	A1	1.0	2015.01.10	
12	JS-T2-106	2号商业、办公楼	十一层(避难层)平面图	A1	1.0	2015.01.10	
13	JS-T2-107	2号商业、办公楼	十二~十四层平面图	A1	1.0	2015.01.10	

图号编排原则

对当前版本图纸出图、替换、新增、作废等情况进行说明。
举例：如果只有部分图纸出图，则在备注上打钩"√"

图 4-1 图纸目录内容

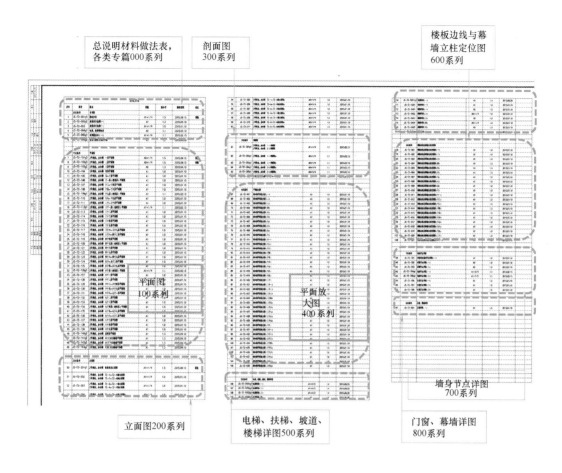

图 4-2　图纸目录编排

2. 图纸目录一般按照设计总说明、材料做法表、各类专篇、平面图、立面图、剖面图、楼电梯大样、厨房卫生间大样、设备房放大图、墙身大样、各类节点、门窗表和门窗、幕墙大样的顺序编排，并宜按（子项）系列分类。编排时先列新绘制图纸，后列选用的标准图或重复利用图。

3. 小型项目图纸目录可按顺序直接连续序号编排，复杂项目图纸目录宜按照图纸类型分类编排。

4. 对于规模大、楼栋数多的项目，建筑专业需提前做好子项拆分，给出子项编排方式，确保设计文件归类清晰，条理分明，便于施工现场读图。

（二）图号编排原则

1. 图号由专业代码、阶段代码、子项代码、类型代码、序列号、更改代码、更改序列号组成，原则上不超过三段，通过连接符号"-"分隔。

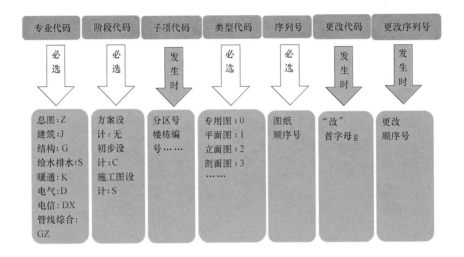

（1）若项目分子项设计

（2）若项目不分子项设计

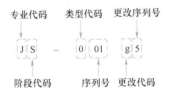

（三）类型系列代码编排原则

详见表4-1。

表 4-1

类型系列代码编排原则

图纸类型	类型代码	系列编号 （类型代码＋序列号）	备注
专用图	0	000	项目设计图纸
平面图	1	100	
立面图	2	200	

续表

图纸类型	类型代码	系列编号 (类型代码＋序列号)	备注
剖面图	3	300	项目设计图纸
平面放大图	4	400	
电梯、扶梯、坡道、楼梯详图	5	500	
楼板边线与幕墙立柱定位图	6	600	
墙身节点详图	7	700	
门窗、幕墙详图	8	800	
……	……	……	
人防设计图	12	1200	
绿色建筑图	A	A00	项目配合图纸
幕墙设计图	B	B00	
泛光照明设计图	C	C00	
景观设计图	D	D00	
室内设计图	E	E00	
厨房设计图	F	F00	
电影院设计图	G	G00	
……	……	……	

（四）图号修改、新增原则

详见图 4-3。

二、总平面设计

（一）绘图通则

1. 总平面图一般以建筑物屋顶总平面表示，竖向布置图一般以一层（或首层）总平面表示。

2. 总平面图中坐标标注测量坐标，标高标注绝对高程；坐标、标高应与地形图及用地红线的坐标、高程系统保持一致，坐标保留小数点后三位，标高保留小数点后两位，单位为米。

3. 建（构）筑物、道路、场地及管线等的定位，标注以下内容：

若修改图纸

若修改，图号加 gx，x 为修改次数
若大版本号升级，修改次数归零

图纸目录						
序号	图号	图名	图幅	版本号	修改时间	备注
	000系列	专用图				
1	JS-T2-001g5	图纸目录	A1+1/4	1.5	2015.09.15	替换
2	JS-T2-002g2	建筑设计说明(一)	A1	1.3	2015.04.10	
3	JS-T2-003	建筑设计说明(二)	A1+1/4	1.0	2015.01.10	
4	JS-T2-004g1	电梯、扶梯明细表	A0	1.1	2015.02.13	
5	JS-T2-005g1	材料做法表(一)	A1+1/4	1.1	2015.02.13	
6	JS-T2-006g2	建筑节能设计说明专篇	A1	1.2	2015.03.30	
	100系列	平面图				
7	JS-T2-101g3	2号商业、办公楼 一层平面图	A0+1/4	1.5	2015.09.15	替换
8	JS-T2-102g3	2号商业、办公楼 二层平面图	A0+1/4	1.5	2015.09.15	替换
9	JS-T2-103g2	2号商业、办公楼 三层平面图	A0	1.3	2015.04.10	
10	JS-T2-104	2号商业、办公楼 四层平面图	A1	1.0	2015.01.10	
10a	JS-T2-104a	2号商业、办公楼 四层平面图a	A1	1.0	2015.01.10	新增
10b	JS-T2-104b	2号商业、办公楼 四层平面图b	A1	1.0	2015.01.10	新增
11	JS-T2-105	2号商业、办公楼 五~十层平面图	A1	1.0	2015.01.10	
12	JS-T2-106	2号商业、办公楼 十一层(避难层)平面图	A1	1.0	2015.01.10	
13	JS-T2-107	2号商业、办公楼 十二~十四层平面图	A1	1.0	2015.01.10	

若新增图纸

比如在 JS-T2-104 后新增图纸，编号原则按 JS-T2-104a、JS-T2-104b……对应版本号更新，备注栏注明"新增"

若取消图纸

备注栏注明"作废"，在大版本号升级前，图纸目录上保留此编号，但注明作废

图 4-3 图号修改、新增原则示意

（1）建筑物（含地下室）、构筑物标注其外墙轴线交叉点或外墙角点坐标，圆弧形外墙建（构）筑物标注其圆心坐标及半径；

（2）挡土墙标注其墙脚处坐标或定位尺寸，围墙标注其中线坐标或定位尺寸；

（3）道路标注其中心线起点、终点、转折点及交叉点坐标，道路路面宽度、转弯半径；

（4）活动场地、公共空间等标注其边界坐标或定位尺寸；

（5）管线（包括管沟）标注其中心线定位尺寸或坐标，设备管井、池等标注其几何中心或角点坐标。

4. 建（构）筑物、道路、场地及水体等的竖向，标注以下内容：

（1）建筑物室内地坪，标注正负零处的完成面标高；不同高度的地坪，分别标注其标高；室外地坪，标注建筑物、地下室出入口处及建筑外墙主要转角处标高（有散水的标至散水边）；必要时标注覆土下方结构顶板面标高；

（2）道路标注其中心线交点及变坡点处的标高，纵坡度、坡长与路面横坡；

（3）场地（包括广场、室外平台、活动场地等）标注其控制标高及排水坡向；

（4）挡土墙标注墙顶和墙脚（地面）标高，边坡标注坡顶和坡脚标高及坡比；排水沟标注沟顶、沟底标高及纵坡；

（5）绿地标注控制性标高及排水坡向；

（6）对平整度要求较高或地形复杂、起伏较大的场地，标注坡度或设计等高线，必要时可以表达场地断面或剖面；

（7）水体标注水面标高，必要时可标注水底标高，有防洪（潮）要求的水体标注

防洪（潮）标高。

5. 建（构）筑物间距及后退用地红线距离，标注建（构）筑物外墙面最近水平距离，涉及防火间距或地方规定有特殊要求的，按相关规定执行。

6. 坐标、标高及距离均以米为单位，道路纵坡及横坡以百分数计，数据保留小数点后两位，不足时以"0"补齐。

7. 图线、图例、比例应符合现行《总图制图标准》GB/T 50103、《房屋建筑制图统一标准》GB/T 50001 等的规定；图纸设计内容应符合国家、行业及地方现行法规、标准的要求；图面应注意清晰、整洁、美观。

（二）设计依据及基础资料

1. 用地方案及红线图

核准用地红线坐标，查证所采用坐标、高程系，并与地形图方位吻合，区分用地红线、道路红线及建筑红线，界定建设用地及不可建设用地，明确设计边界。详见图 4-4。

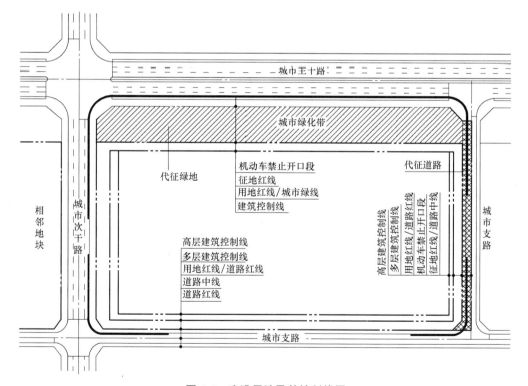

图 4-4　建设用地及其控制线图

2. 设计任务书及设计指引

了解业主对规划建设的相关要求，如产品类型、开发容量及密度、使用及配套需求、园林景观、材料选型、成本控制、分期与施工计划等。业主内部的建设标准或设计指引文件，应充分解读、合理执行。

3. 规划设计条件

牢记规划控制要点，如建筑退让、限高、开口方位、市政接驳、公共空间与配套、容积率、覆盖率、绿地率及停车指标等。

4. 政府批文

项目如涉及轨道交通、市政工程、公交场站、人防消防审查、限高控制、文物保护、水务工程、环境与生态保护、教育及其他公共配套等要求，应严格落实各主管部门批复意见。

5. 当地建筑规划标准或管理技术规定

一般包括建设用地、建筑规划控制、公共配套、道路交通、市政设施等方面要求或规定，有些还有场地竖向、消防、绿化、指标计算等具体规定。一些地方对报建文件还有特定要求（如电子报建），应提前了解当地报建流程及图纸要求。

（三）总平面布置

1. 总体布局

建筑规划及其组合关系应充分利用地形地貌，总平面应统筹协调建筑、地下室、道路、绿地及工程管线设施的空间关系，综合考虑功能分区及其联系，合理安排公共空间、绿地景观及配套设施等，使之符合上位规划、用地规划条件及国家、行业、地方标准。总体布局应有利于建立建筑、交通、空间环境上的有机联系，建筑物的形态、朝向等应有利于创建建筑与环境的和谐，并规避不良的环境干扰或影响。

2. 建筑退让

建筑退让红线一般以建设用地规划许可证中的规划条件为准，同时还应兼顾地方规划管理技术规定的相关要求。

建筑控制线（或建筑退让红线）是指依据上述条件或由规划行政主管部门划定的自用地红线或道路红线后退一定的距离，用于控制地面以上建（构）筑物主体不得超出的界线。一般分多层建筑控制线和高层建筑控制线，有时也叫一级退线、二级退线。地下室一般按其深度的一定比例关系（如 0.7 倍）或规定最小值（一般按 3～5m）后退。

各地根据地方规划管理技术规定，对建筑控制线具体控制的内容，如台阶、雨篷、凸窗、挑檐、车库坡道、楼梯间、风井、围墙甚至地下管线、化粪池等，实际要求有所不同，应注意解读当地技术管理规定条文，逐一落实。

部分地块因城市设计等特殊要求，允许临街面零退线，这种情况下，务必提前规划预留基坑支护、室外管网等布置空间，以保证项目实施的可行性。

当单个项目跨越不同地块或多个项目整体开发时，规划如允许其利用市政空间的地下或地上进行建设时，应保证市政空间下方的覆土厚度、上方的净空高度满足相关的市政管线敷设、市政交通通行的条件，上方的连接体结构立柱原则上应在地块红线内解决。

3. 建筑间距

建筑间距通常包括防火间距、日照间距、规划间距、卫生间距等。

防火间距是指依据设计防火规范中满足建筑或建筑群组与相邻建筑物、构筑物、停车位、易燃易爆设施等之间防火要求的最近水平距离。当建筑外墙有凸出的可燃或难燃构件时，应从其凸出部位外缘算起。

日照间距是指为满足建筑日照标准而需控制的建筑间距，一般通过软件模拟计算得出，部分城市也通过日照间距系数来控制，通常以正南北向间距为准。

规划间距主要是从规划控制和城市设计方面提出的建筑间距要求，一般按当地规划管理技术规定执行。

卫生间距包括针对居室视线干扰以及中小学校、托幼、医疗养老院、垃圾房、公厕、化粪池等噪声或气味干扰而提出的建筑间距要求。

4. 绿化景观

绿化景观一般由园林设计来考虑，园林设计同步进行时，总平面图应结合景观平面一体化设计，园林设计相对滞后时，总平面应预留满足绿地率指标的绿地空间，并考虑覆土厚度、下凹式绿地、立体绿化、雨水利用等技术要求。

（四）竖向设计

1. 建筑竖向

建筑室内标高受制于周边的道路及场地，不同建筑功能对应不同的室内外高差要求，根据使用需求、工艺、排水等合理确定，由高差推算建筑正负零及室内地坪标高。一般建筑入口处高差按 2～4 级台阶为宜，即室内高于室外 0.3～0.6m。当用地周边高差较大时，应优先控制建筑主要出入口室内外高差，兼顾疏散等次要出入口高差。商业、办公、医院、展览、车站、养老建筑等公共建筑可尽量减小高差，但应满足排水条件及必要的无障碍设计要求，当不多于 1 级台阶时，宜采用斜坡过渡。垃圾房室内外应设置反向高差，避免污水外流。车库出入口起坡点处标高宜高于与其衔接的道路标高 0.1～0.3m，通过反坡过渡。

2. 道路竖向

考虑车辆、行人的通行条件与排水要求，道路、广场应保持合理的坡度，以满足车辆爬坡及行人、无障碍通过的可能，并有利于路面排水。车行道纵坡最大一般不超过 8%（北方地区适当折减），并按规范考虑坡长限制，最小不宜低于 0.3%，自行车道纵坡宜小于 2.5%。基地出入口、道路交叉口、建筑主要出入口及人员活动密集处应尽量平缓，不宜大于 3%，且不宜位于道路纵坡交汇的低洼处。有路边停车的道路纵坡不应超过 5%，停车场坡度宜为 0.3%～3.0%。

用地规模较大或山地类项目，道路应充分结合原始地形，避免高填深挖，建筑布局及标高应服从于道路系统及其竖向。

3. 场地高差及竖向处理

当场地高差不大时，应尽量通过自然放坡处理高差；当场地高差较大或没有空间放坡时，应设置挡土墙或护坡，衔接不同标高台地。当自然放坡较陡（超过1:2）或邻近坡顶处有道路等需承受较大荷载时，应设置挡土墙或砌筑型护坡，并加设安全防护措施。

4. 绿地竖向

绿地的可接受坡度范围较大，最小0.3%，最大可达40%～50%，但一般以0.5%～15%为佳，既有利于排水，也满足不同绿化种植、修剪维护及设置休闲活动场所的要求。下凹式绿地标高一般低于周边道路或场地0.1～0.2m。

5. 水系及防洪排涝

基地内外有自然水系或人工水体时，不应随意改变地面自然径流特征，自然水系应充分考虑其防洪要求，人工水体应结合场地竖向合理控制水位标高，避免形成内涝。

6. 土方平衡

用地规模较大、场地地形较复杂的建设项目，建筑布局应合理利用地形，减少土方开挖与回填，并使基地内填挖方量尽量平衡。

土方平衡计算是基于现状地形和设计场地（有地下室的应一并考虑），进行矢量化叠加，按10m×10m或20m×20m方格网，使用土方软件计算挖方量及填方量。

（五）道路与交通组织

1. 机动车道

通行机动车的道路，双向行驶宽度不应小于7m（住宅区道路不应小于6m），单向行驶宽度不应小于4m。

2. 机动车出入口

基地面向城市道路开设机动车出入口，除满足规划条件明确的开口方位外，还应优先开设于较低等级的道路上，并满足相关规范要求的与城市道路交叉口、公交站台、地铁口等保持一定距离的规定。开口宽度不宜过大，根据实际交通需求确定，一般双向出入按7m，单向出入按4m，转弯半径应满足相应的车辆转弯要求。

3. 非机动车道

非机动车道可与人行道统一考虑，也可单独设置。单独设置时，单向通行宽度不小于2.5m，双向通行宽度不小于4.5m。

4. 停车场

地面停车场应根据停车指标需求及环境条件确定合适的位置及数量，停车位数量较多时应分组，每组不宜大于50辆，停车场分组之间、停车场与建筑之间应按规范留出足够的距离（一般是6m）。

停车场垂直布置停车时，通道宽度不应小于6m（或总宽度不宜小于11m）；平行布置停车时，通道宽度不小于 4m（或总宽度不小于 5.5～6m）。

5. 人行道

车流量较大的场地应设人行道，考虑必要的人车分流。人行道可以附设于车行道两侧，也可独立设置一套步行系统。人行道要满足路径及无障碍设计的完整性、连贯性，并保证有效通行宽度不应小于 1.5m。

6. 消防车道和登高操作场地

建筑布局应规划预留必要的消防车道，高层建筑应按规范设置足够长度的消防登高面及登高操作场地。超长建筑、超大底盘建筑应设置环形消防车道或穿越式消防车道，建筑组团或街区，应满足消防车道间距不大于 160m。消防车道坡度一般不大于 8%，登高操作场地坡度一般不超过 3%，各地对消防车道及登高场地有其他明文规定的，应从其规定。

道路（含消防车道及登高操作场地）、广场、停车场等路面做法应满足强度及荷载要求，并优先选用国家、行业及地方推行惯用的做法，采用新技术、新材料。

7. 交通组织

不同的道路系统决定了不同的交通组织方式，车辆、货物、行人交通应兼顾考虑。交通流线应清晰易辨识、方便高效，尽量做到人车分流、客货分流，必要时可采用单向交通组织、限行、渠化、缓冲等手段，保证交通的安全与可靠。

（六）总图施工图深度（以深圳市为例）

施工图阶段总图专业完整图纸目录一般如下，根据项目实际情况可合并或增减：

ZS-01 总平面图；

ZS-02 竖向布置图；

ZS-03 消防总平面图；

ZS-04 人防总平面图；

ZS-05 绿化布置图；

ZS-06 管线综合图；

ZS-07 土方图；

ZS-08 详图。

各图内容深度分述如下：

1. 总平面图

总平面图应采用建筑物屋顶平面表达，当同时出一层（或首层）总平面图时，总平面图图名可为屋顶总平面图，内容应包括：

（1）项目区位示意图；

（2）保留的地形和地物；

（3）用地红线及其坐标、测量坐标网、坐标值；

（4）场地范围的城市道路、建筑控制线及其他规划控制线的位置、相关尺寸；

（5）场地四邻（一般按周边约50m范围）现状及规划情况（包括现有建筑、相邻地块用地性质及开发强度、规划建筑、城市道路及轨道交通等市政基础设施），周边地上、地下主要建筑物、构筑物的位置、名称、性质、层数或高度；

（6）标注拟建建筑物使用性质、名称及楼栋编号（按《深圳市建筑设计规则》相关要求）、正负零标高、层数、高度（特殊控制区域如航空管制区、风貌控制区等还应标注建筑物最高点海拔高程）、建筑外轮廓总尺寸，标明拟建建筑之间及与周边相邻建筑之间间距；

（7）标注拟建地上、地下建筑后退用地红线距离，拟建建筑与市政基础设施（或其保护控制线）、周边邻避设施之间的距离；

（8）建筑物控制点定位轴线及坐标，跨越城市道路的天桥、连廊、地下通道等建筑连接体的控制尺寸、坐标及标高；

（9）拟建道路、广场、停车场、公共空间、活动场地、绿地、围墙、无障碍设施、排水沟、台阶、挡土墙、护坡等的位置；

（10）道路、停车场、回车场、运动场、围墙、挡土墙、护坡等主要构筑物应标注尺寸及定位，公共空间应标注功能、名称、范围、面积等并注明开放时段及开放对象；

（11）标注机动车（含消防车等应急车辆）、车库、人行出入口，基地机动车出入口应注明宽度尺寸、转弯半径、定位坐标、出入口与城市道路交叉口及相邻出入口之间间距，表达管理闸口及安全减速设施等，机动车停车位应编号；

（12）标注消防车道、消防车登高操作场地的位置、范围及相关尺寸；

（13）表达建筑物出入口、场地、城市道路开口处的无障碍设施，必要时可表达场地无障碍流线；

（14）拟建配套公共服务设施和主要市政公用设施（如雨水调蓄池、雨水收集回用池、污水处理设施、储油罐等）的功能名称、位置（如所在楼层）、指标等，独立占地的学校、幼儿园、公交场站等公共服务设施应标注占地范围及坐标、占地面积；

（15）分期建设项目应标注分期界线及各期范围，并附分期示意图，注明本次报建与已报建、未报建内容及实施计划等；

（16）主要技术经济指标表（含分期指标）；

（17）指北针或风玫瑰图，比例尺；

（18）注明单位、图例、比例等，注明所采用的坐标及高程系统，以及其他必要的文字说明。

2. 竖向布置图

竖向布置图应采用建筑物首层平面表达，内容应包括：

（1）总平面布置；

（2）保留的地形和地物（含地形等高线及高程点）；

（3）场地范围的城市道路、相邻地块、水系等的控制性标高，如城市道路为规划，应标注其规划标高，如水系涉及防洪，应注明相应防洪标高；

（4）拟建建筑正负零及首层不同地坪标高、建筑及车库出入口标高、建（构）筑物主要角点地面标高、地下建筑的顶板面标高及覆土高度限制、空中廊桥或架空通道底部净高；

（5）拟建道路起点、变坡点及终点的设计标高（路面中心线），标注坡度、坡长及关键性坐标、路面横坡形式，区分立道牙和平道牙；

（6）排水沟或线性排水设施（植草沟）的起点、变坡点、转折点和终点的设计标高（沟底），标注坡度、坡长及关键性坐标；

（7）广场、停车场、回车场、集中绿地等标注控制点标高，景观水系应标注水面标高、水深或水底标高；

（8）挡土墙、护坡、台阶及土坎顶部和底部的主要设计标高及护坡坡度；

（9）用坡向箭头表示地面设计坡向，当对场地平整要求严格或地形起伏较大时，应标注坡度或用设计等高线表示，竖向关系复杂地段应绘制场地断面或剖面图；

（10）指北针或风玫瑰图，比例尺；

（11）注明单位、图例、比例（或比例尺）等，注明所采用的坐标及高程系统，以及其他必要的文字说明。

3. 消防总平面图

消防总平面图应采用建筑物屋顶平面表达，内容应包括：

（1）总平面布置（注明消防控制室的位置）；

（2）场地内外相邻建（构）筑物之间防火间距，并标明周边现状民用建筑的耐火等级、厂房仓库的火灾危险性类别；

（3）场地内消防车道、消防登高面、消防车登高操作场地的位置及尺寸，穿越建（构）筑物的消防车道应注明净宽及净高，地形或竖向较复杂时，应标明消防车道及消防车登高操作场地的坡度；

（4）标注消防车道定位、转弯半径，消防车道、消防车登高操作场地与建筑之间的间距；

（5）标注消防车出入口、人员疏散出入口、消防控制室及停机坪（如有）的位置，示意消防车行流线；

（6）指北针或风玫瑰图，比例尺；

（7）注明单位、图例、比例等，注明允许消防车最大荷载，以及其他必要的文字说明。

4. 人防总平面图

人防总平面图应采用建筑物屋顶平面表达，内容应包括：

（1）总平面布置；

（2）人防地下室范围（至少标注一个角点的定位坐标），各防护单元战时主要、次要出入口出地面段位置（楼梯、坡道等），并标注其与上部建筑外轮廓的最近距离；

（3）标注人防报警间、战时风井的具体位置；

（4）场地及周边道路主要控制性标高，注明人防地下室顶板结构底面标高；

（5）坡地建筑或场地有较大高差时，应标注较低一侧距地下室外墙 16m 范围内（含 16m）场地标高；

（6）主要技术经济指标表；

（7）指北针或风玫瑰图，比例尺；

（8）注明单位、图例、比例（或比例尺）等，注明所采用的坐标及高程系统，以及其他必要的文字说明。

5. 绿化布置图

绿化布置图可采用建筑物首层平面表达，如有屋顶、架空层等立体绿化，可增加相应楼层平面表达，内容应包括：

（1）总平面布置；

（2）用地红线内地面、屋顶、架空层、墙面墙体、棚架阳台等各类绿地的位置，注明各类绿地范围、面积及覆土厚度，如有下凹式绿地，应注明其范围及面积；

（3）绿地统计表，列明各类绿地位置及不同绿化覆土厚度折算结果、绿化覆盖率；

（4）指北针或风玫瑰图，比例尺；

（5）注明单位、图例、比例（或比例尺）等，其他必要的文字说明。

6. 管线综合图

管线综合图应采用建筑物首层平面表达，内容应包括：

（1）总平面布置；

（2）保留、新建的各专业管线（管沟/管廊）及检查井、化粪池、蓄水池、储罐、箱变、调压站等附属设施的平面位置，标明管线干管及重要设施的定位尺寸或坐标；

（3）场外或市政管线接驳点位置及坐标（排水管还应标注底标高）；

（4）管线密集或复杂地段宜增加管线断面图，标明管线与建（构）筑物、绿化之间及各管线之间的距离，注明主要交叉点上下管线的标高或间距；

（5）当已有景观设计图纸时，宜表达景观总平面内容（灰度表示），并对管线及景观工程进行综合协调；

（6）指北针或风玫瑰图；

（7）注明单位、管线及设施图例、比例（或比例尺）等，注明所采用的坐标及高程系统，其他必要的文字说明。

7. 土方图

土方图宜采用建筑物首层平面表达，内容应包括：

（1）场地范围的现状地形；

（2）总平面布置（用细虚线或灰度表示）；

（3）一般用方格网法（也可采用断面法、几何法等），根据用地规模及实际需要确定方格网（如 10m×10m、20m×20m、40m×40m 等），计算并标注各方格交点的现状标高、设计标高、填挖高度、填方区和挖方区的分界线、各方格土方量，统计总土方量，并注明土方计算边界、方格网编号及基准点坐标；

（4）统计土方工程平衡表。

8. 详图

（1）道路横断面、场地断面或剖面，道路、广场及停车场构造，挡土墙、护坡、围墙、排水沟、台阶、池壁、运动场地、活动场地等详图；

（2）不同路面构造适用的部位及范围，应在总平面图上注明或做统一说明；

（3）当场地范围内景观、挡土墙、护坡、围墙、排水沟、海绵设施、运动场地等另有专业设计时，应注明详专业设计；

（4）注明单位、比例、施工要求等。

总图施工图编制内容详见图 4-5。

公共图元	总平面			竖向	土方	绿化	管线综合	详图
	屋顶/一层	消防	人防					
•保留地形地貌/保留建筑 •相邻用地规划 •市政道路/设施 •市政及周边环境标注 •用地红线/建筑控制线 •红线坐标/引注 •建筑控制线距离/引注 •坐标点/坐标值 •建筑及其附属设施（楼梯间/风井、下沉广场） •地下室/化粪池/储罐等 •车行道/人行道/缘石坡道 •停车场/管理通道/自行车位 •其他构筑物（挡土墙/护坡/围墙/台阶/坡道/花池/水池） •建筑编号/名称/功能 •建筑层数/高度（控制区至高点海拔） •建筑正负零 •车行/人行/自行车库出入口 •广场/绿地/构筑物标注 •指标针/风玫瑰 •比例/比例尺	•屋顶轮廓 •一层轮廓 •标准层/投影轮廓 •建筑高度 •建筑外包尺寸 •建筑间距（内部/外部） •建筑退线距离（裙房/塔楼/地下室） •建筑/地下室定位轴线 •定位坐标 •公共配套设施 •道路宽度 •道路定位（坐标/尺寸/曲线元素） •回车场尺寸/定位 •转弯半径 •车行出入口宽度/定位/间距 •指标表 •图例/说明	•消防车道/回车场 •消防流线 •消防登高场地（填充） •登高面 •消防车出入口标注 •消防车道宽度 •登高场地宽度 •登高场地与外墙距离 •消防转弯半径 •消防车道/登高场地坡度（必要时） •图例/说明	•人防范围 •人防口部 •人防口部间距 •人防全埋控制要求（必要时） •人防报警间 •图例/说明	•室内地坪标高 •建筑入口标高 •外墙角点标高 •车库出入口标高 •道路变坡点标高/纵坡度/坡长 •设计（道路）等高线（必要时） •场地排水坡向 •道路横坡 •挡土墙标高 •护坡标高/坡比 •红线外围标高 •地下室顶板标高/覆土厚度控制 •连廊/通道净空高度 •图例/说明	•土方方格网 •土方数据 •填挖零点 •土方统计 •图例/说明	•公共/集中绿地 •绿化种植 •绿化填充 •实土绿化/覆土绿化/架空绿化/屋顶绿化/其他绿化 •绿地面积/覆土厚度标注 •绿地统计 •图例/说明	•给水管 •雨水管 •排水沟 •污水管 •电力管 •通信管 •燃气管 •市政接驳点标注 •管井构筑物名称 •管线间距 •管井定位坐标 •特殊构造 •图例/说明	•道路横断面 •场地断面（必要时） •车库出/停车场做法 •缘石/缘石坡道构造 •设施构造 •特殊构造 •挡土墙、围墙、排水沟等构筑物做法（必要时） •图例/说明
建筑较多可出建筑物定位图；路网复杂可出道路平面图。	一般采用屋顶总平出图；根据报建需要可单独出图。	一般采用屋顶总平出图；根据报建需要可单独出图。	采用一层总平面图。	根据需要出图。	根据需要出图。	采用一层总平面图；内容简单时可不出图。	内容少可并入其他图纸。

图 4-5　总图施工图编制内容

三、地下室设计

（一）地下室及地下室汽车库设计

1. 设计要点

应根据项目用地范围、场地标高、市政管线条件、地上和地下建筑功能、地质条件等因素制定地下室设计方案，地下室方案应考虑以下内容。

（1）地下室范围：依据地下室退线要求，室外管线要求，化粪池、蓄水池位置，基坑支护及施工要求等因素综合确定。

（2）地下室埋深及功能划分：地下室埋深除应考虑结构上部体系稳定对埋深的要求，还需要考虑地下室所需功能划分的要求，如人防区域的确定，设备房、停车库以及其他功能需求的合理布置。

（3）地下室层高：应充分考虑地下室顶板覆土厚度、结构形式、管线高度、室内净高以及楼地面建筑面层厚度等因素。

（4）地下室防火设计：根据具体使用功能按规范要求划分防火分区并制定疏散方案，合理布置安全出口和疏散楼梯。无梁楼盖结构形式还需结合暖通专业的要求划分防烟分区。

（5）地下室防水设计：根据地下室功能及埋深、结构形式和地下水位标高等确定合理的防水等级，选用适合的防水材料，制定正确的防水设计方案。

（6）地下汽车库：按照停车当量数和面积确定汽车库类别以制定车库设计方案。明确出入口数量、宽度、基地开口位置，合理制定汽车库结构柱网，布置停车位，梳理行车流线，合理布置库内坡道，满足停车位数量、行车流线及库内净高等要求。

（7）人防地下室：应根据当地人防办出具的人防建设征询要求，结合项目具体情况，合理制定人防方案。明确人防地下室设置位置，确定人防地下室顶板标高，合理划分防护单元，明确主要和次要出入口位置。

2. 图纸目录

地下室图纸主要包括平面图、剖面图、设备房详图、坡道详图、楼电梯详图、构造节点详图、门窗详图等，地下室图纸目录详见图4-6。

（1）地下室平面图的图纸目录编排方式是从最底层依次往上排列至地面层。

（2）有人防地下室时，应先编排平时平面图，再编排战时平面图。

（3）如平面图有拆分平面图，应先编排组合图，再编排拆分图。

（4）图纸编号原则：

3. 图纸比例及布图原则

（1）常用比例

常用图纸比例详见表4-2。

（2）图幅及布图原则

地下室图纸图幅尽量控制在 A1、A0 或是 A1 加长。地下室面积较大的情况下，需要有地下室组合平面图和拆分平面图。

序号	图号	图名	图幅	版次	日期	备注
	100系列	平、剖面图				
01	JS-D-101	地下二层平时组合平面图	A0+1/8	1.0	2019.06.25	
02	JS-D-102	地下二层平时平面图(一)	A0+1/8	1.0	2019.06.25	
03	JS-D-103	地下二层平时平面图(二)	A0+1/8	1.0	2019.06.25	
04	JS-D-104	地下二层战时组合平面图	A0+1/8	1.0	2019.06.25	
05	JS-D-105	地下二层战时平面图(一)	A0+1/8	1.0	2019.06.25	
06	JS-D-106	地下二层战时平面图(二)	A0+1/8	1.0	2019.06.25	
07	JS-D-107	地下一层组合平面图	A0+1/8	1.0	2019.06.25	
08	JS-D-108	地下一层平面图(一)	A0+1/8	1.0	2019.06.25	
09	JS-D-109	地下一层平面图(二)	A0+1/8	1.0	2019.06.25	
10	JS-D-110	地下室顶板平面图	A0+1/8	1.0	2019.06.25	
11	JS-D-111	地下室剖面图	A0+1/8	1.0	2019.06.25	
	200系列	电梯、楼梯、坡道详图				
12	JS-D-201	LT-1楼梯详图	A1	1.0	2019.06.25	
13	JS-D-202	DT-1电梯详图	A1	1.0	2019.06.25	
14	JS-D-203	PD-1坡道详图	A1	1.0	2019.06.25	
15	JS-D-204	PD-2坡道详图	A1	1.0	2019.06.25	
	300系列	设备房详图				
16	JS-D-301	水泵房详图	A1	1.0	2019.06.25	
17	JS-D-302	交配电房详图	A1	1.0	2019.06.25	
	400系列	地下室节点详图				
18	JS-D-401	地下室节点详图(一)	A1	1.0	2019.06.25	
19	JS-D-402	地下室节点详图(二)	A1	1.0	2019.06.25	
	500系列	地下室门窗表				
20	JS-D-501	地下室门窗统计表及门窗详图	A1	1.0	2019.06.25	
	600系列	人防详图系列				
21	JS-D-601	人防口部详图	A1	1.0	2019.06.25	
22	JS-D-602	人防楼梯详图	A1	1.0	2019.06.25	
23	JS-D-603	人防节点详图	A1	1.0	2019.06.25	

图 4-6 地下室图纸目录

常用图纸比例 表 4-2

图纸内容	常用比例
地下室组合平面图	1:300
地下室拆分平面图	1:150
坡道详图	1:100
电梯详图、设备房详图、门窗详图	1:50
节点详图	1:10 1:20

① 组合平面图：地下室整体呈现，应明确与用地红线、建筑红线以及周边场地重要信息（构筑物、地下管沟、地下交通等）的关系，轴网轴号、轴线尺寸及定位均应表达清楚。地下室组合平面图详见图4-7。

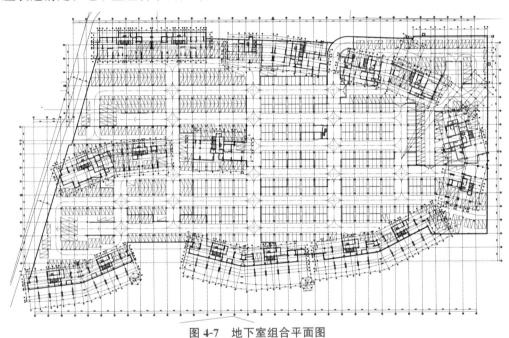

图 4-7　地下室组合平面图

② 拆分平面图：标明各部分尺寸、定位、做法，指导施工。地下室拆分平面图上应有分区示意图，以示此分区在组合图的具体位置，地下室拆分平面图详见图4-8。

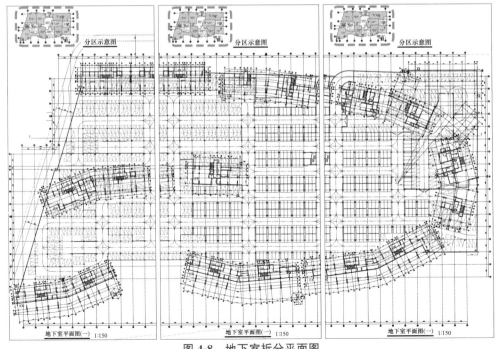

图 4-8　地下室拆分平面图

拆分平面图上的分区示意图，应明确表达拆分位置及编号，详见图 4-9。

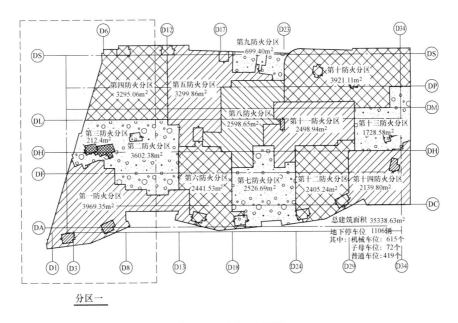

图 **4-9** 分区示意图

两张拆分图至少需要有一个轴网是叠合的，以确保图纸信息能表达完整，避免出现遗漏部分图纸的情况，详见图 4-10。

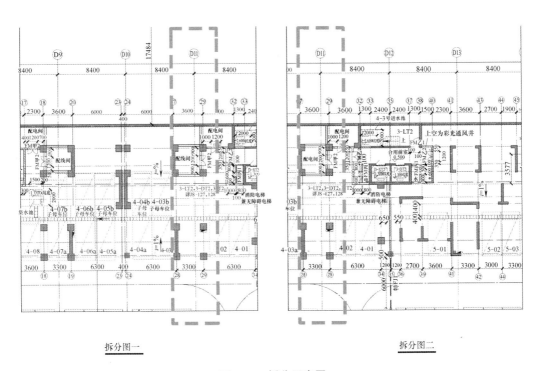

图 **4-10** 拆分示意图

4．平面图

（1）轴线和轴号

结构剪力墙、柱需加轴线和轴号。填充墙按需要编轴线和轴号。轴号从左至右，从下至上编制。轴线编号统一从 1 轴（从左至右）、A 轴（从下到上）开始。

图 4-11 所示的是地下和地上共用一套轴网系统的平面示意图，地下室和塔楼轴号统一编制。

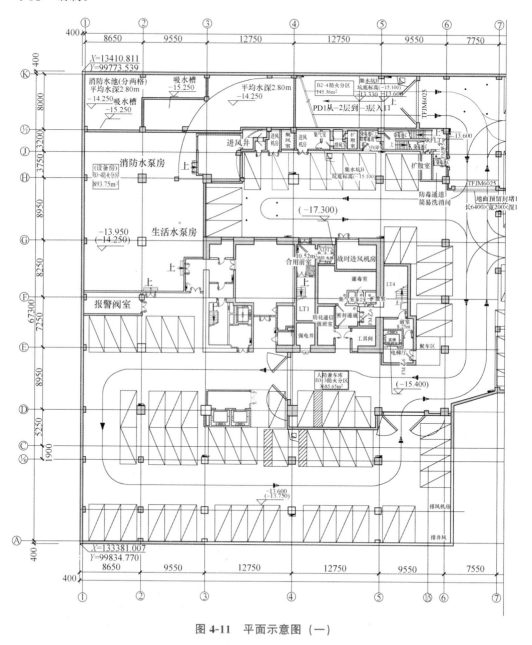

图 4-11 平面示意图（一）

图 4-12 所示的是地下地上分别建立轴网系统的平面示意图，地下室和塔楼轴号分开编制。

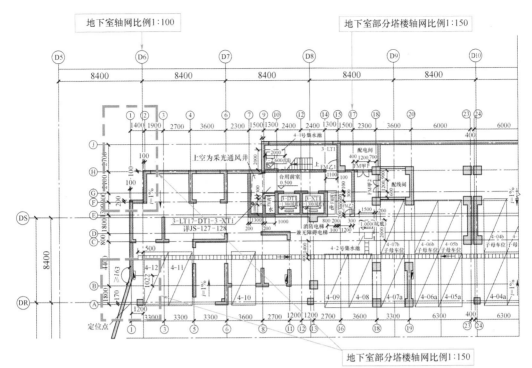

图 4-12　平面示意图（二）

（2）地下室外墙与用地红线及建（构）筑物的距离

地下室外墙距用地红线的距离，周边已建或拟建的建（构）筑物、地下交通、城市管线、化粪池等均应在平面图中示意，并标注距离尺寸，详见图 4-13。

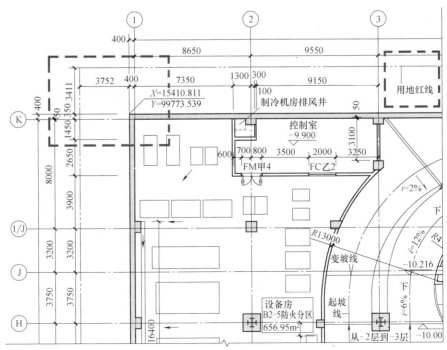

图 4-13　地下室外墙与用地红线定位示意图

（3）防火分区示意图

① 示意图一般布置在地下室平面图的左上角。

② 应表达的内容有：主要轴线轴号，防火分区编号、面积，疏散楼梯、汽车坡道、安全出口的位置，每个防火分区用不同图案填充区分。

③ 复杂功能的地下室，每个防火分区应标明使用功能，比如商业、停车库、非机动车库、充电停车库、设备用房等。特殊或复杂区域也应标明使用功能，如下沉广场。

防火分区示意图详见图 4-14。

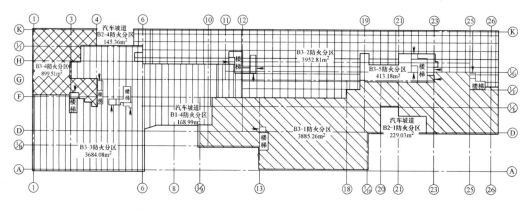

图 4-14　防火分区示意图

（4）防火墙

各防火分区之间的防火墙，除本身为结构墙柱外，砌体部分墙体采用填充方式表达，跟其他砌体墙以示区分。并需要提醒结构专业和机电专业按照防火墙技术要求采取相应措施，详见图 4-15。

（5）停车位、行车流线

应在平面图中表示车位的种类、编号、车轮挡和行车流线。

① 车位编号原则：可依据地下室楼层数、防火分区数等来编制。

② 行车流线表达：车行方向、转弯半径，以点划线表示。

③ 停车位表达：微型车位、小型车、货车、充电车位、无障碍车位、机械车位、非机动车位等应采用不同图案表示，能直观识别车位类型。

④ 充电车位在同一防火分区内应集中布置，不应布置在地下建筑四层及以下。充电车位应按规范设置防火单元，每个防火单元应采用耐火极限不小于 2.0h 的防火隔墙或防火卷帘、防火分隔水幕等与其他防火单元和汽车库其他部分分隔。当防火隔墙上需开设相互连通门时，应设置乙级防火门。

汽车库平面图详见图 4-16。

垂直式停车方式（以小型车为例）详见图 4-17。

平行式停车方式（以小型车为例）详见图 4-18。

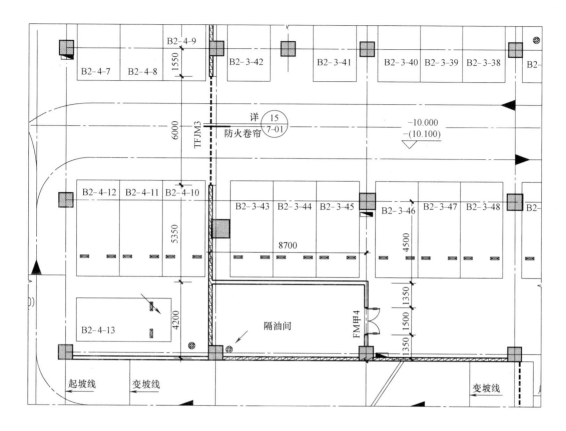

图 4-15　防火墙示意图

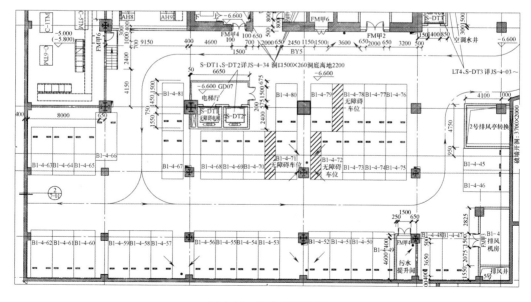

图 4-16　汽车库平面图

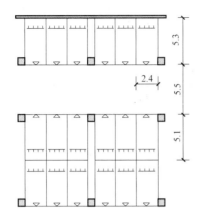

小型车尺寸：1.8m×4.8m

柱间车位尺寸：2.4m×5.1m

后临墙车位尺寸：2.4m×5.3m

通车道宽度：5.5m

图 4-17　垂直式停车方式

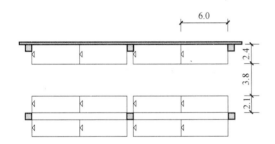

小型车尺寸：1.8m×4.8m

柱间车位尺寸：2.1m×6.0m

侧临墙车位尺寸：2.4m×6.0m

通车道宽度：3.8m

图 4-18　平行式停车方式

充电停车位区域示意图详见图 4-19。

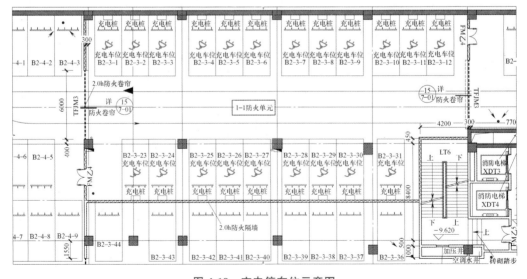

图 4-19　充电停车位示意图

充电停车位的实例图详见图 4-20。

图 4-20　充电停车位实例图

（6）图框说明

针对项目的一些通用信息加以说明，并在图纸右边图框内表达，详见图 4-21。

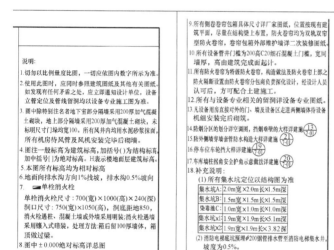

图 4-21　图框说明示意图

5. 剖面图

（1）设计要点

① 剖面图选取位置应能充分反映所有地下室楼层、结构关系复杂处、有特点和特别需要表达的地方。

② 剖面图应表达地下室与场地标高的关系，地下室顶板覆土层厚度，绝对标高与相对标高关系，建筑面层等信息。

③ 剖面图中应表达各功能性质，人防地下室范围应采用填充示意位置及范围。

④ 剖面图应表达各主要功能房间或区域的净高要求。

详见图 4-22、图 4-23。

（2）标高系统

① 各栋建筑正负零标高相同时：地下室标高系统采用相对标高标注的方式，仅在

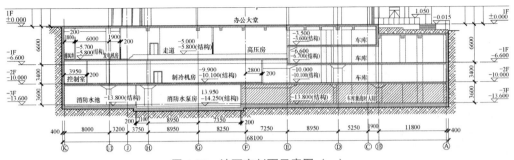

图 4-22 地下室剖面示意图（一）

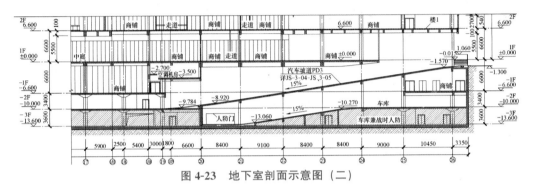

图 4-23 地下室剖面示意图（二）

正负零标高处同时标注绝对标高和相对标高，详见图 4-24（正负零对应表达绝对标高）。

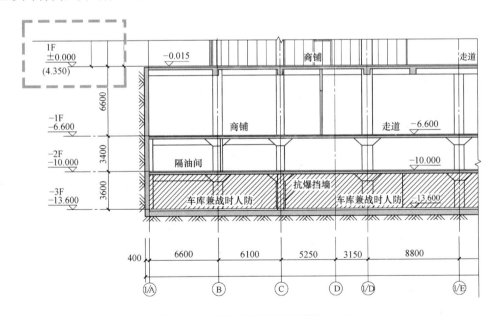

图 4-24 地下室局部剖面示意图（一）

② 各栋建筑正负零标高不同时：地下室的标高系统采用绝对标高标注的方式。详见图 4-25（楼层标高采用绝对标高表示）。

（3）楼地面建筑面层

面层厚度应根据使用功能、装修面层、结构抗浮、排水沟设置方式等因素来确定。

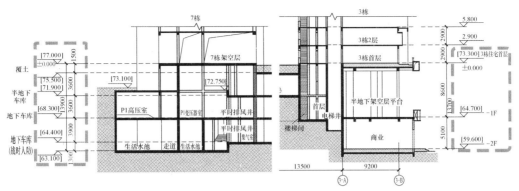

图 4-25 地下室局部剖面图（二）

① 50～150mm 厚建筑面层：主要适用于普通楼地面、停车库楼地面和人防楼地面。如有排水要求的，排水沟在结构板上设置，利用 100～150mm 高度做浅沟。

② 300mm 厚建筑面层：主要用于有排水要求的，需要建筑回填的底板或设备房内，排水沟在结构板上设置，利用 300mm 高度做深沟。

6. 详图

（1）设备用房详图

常见设备房列表详见表 4-3。

常见设备房列表　　　　　　　　　　　　表 4-3

给水排水专业	消防水泵房、生活水泵房
	消防水池、生活水池
	水处理机房、雨水回收机房、中水机房
电气专业	变压器室
	高低压配电室
	柴油发电机房、储油间
	开闭所
暖通专业	进排风机房、排烟机房、加压机房
	制冷机房
	锅炉房

① 水泵房及水池详图

消防水池及水泵房埋深距室外地坪高差应≤10m。容量超过 500m³ 时分两格。池壁和池底可以与主体结构共用。

生活水池容量超过 200m³ 时分两格，泵房设计需满足一边清扫一边正常使用的要求。池壁、池底及顶盖必须与主体结构分开，应采用独立结构形式。目前设计中普遍采用成品水箱。设置在专用房间内，其上层不应有厕所、浴室、厨房、废水收集间、污水处理机房、洗衣房、垃圾间等会产生污染源的房间，且不应与上述房间相毗邻。

消防水泵房要求采取防水浸措施，出入口设置门槛或抬高水泵房室内标高。

水泵房详图见图 4-26，重点表达设备基础及定位，排水沟定位，吸水槽、检修人孔、检修爬梯等内容。

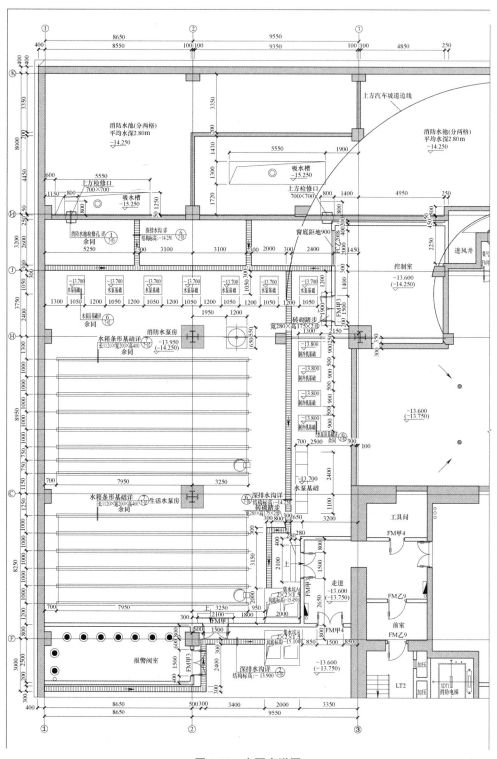

图 4-26 水泵房详图

水池详图见图 4-27。

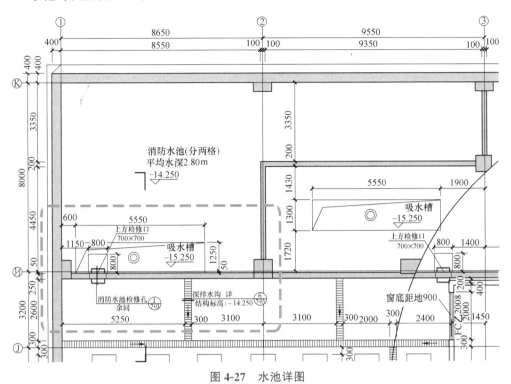

图 4-27 水池详图

水池检修孔详图见图 4-28。

水泵房实景图详见图 4-29。

② 配电房

配电房的进线方式分为上进线、下进线，进线方式不同对土建要求不同。下进线时建筑需要采用回填土形式设置电缆沟，上进线方式应充分考虑设备需要的净高。

配电房不允许设置在地下室最底层，或遵照地方规定设置在地面层。应采取防水浸措施，出入口设置门槛或抬高配电室室内标高。发电机房不允许设置在地下三层及以下楼层。

变配电房不应在厕所、卫生间、浴室、厨房或其他蓄水、经常积水场所的直接下一层设置，且不宜与上述场所相贴邻，也不应在教室、居室的直接上、下层及贴邻布置。

配电房详图见图 4-30，应重点表达设备基础、电缆沟尺寸及定位。

电缆沟详图见图 4-31。

配电房实景图详见图 4-32。

③ 发电机房

发电机房不允许设置在地下三层及以下楼层。发电机房内设置储油间时，其总储存量不应大于 $1m^3$，储油间应采用耐火极限不低于 3.0h 的防火隔墙与发电机房分隔，如需开门，应设置甲级防火门，并设置门槛。

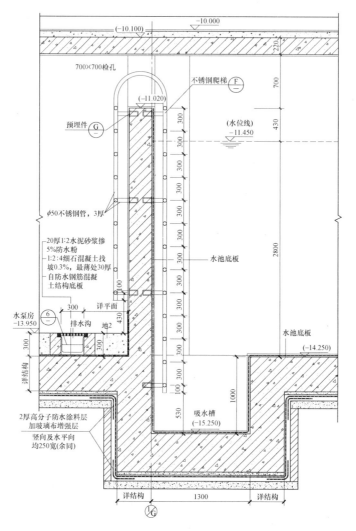

图 4-28　水池检修孔详图

图 4-29　消防水泵房和生活水泵房实景图

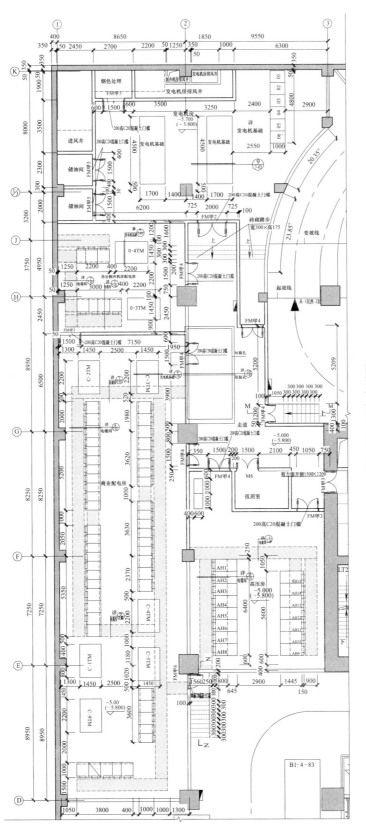

图 4-30　配电房详图

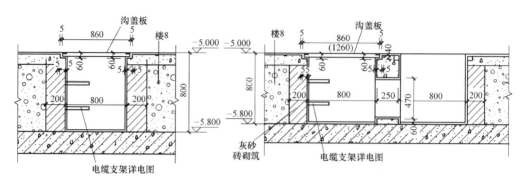

图 4-31 电缆沟详图

图 4-32 配电房实景图

发电机房应采取机组消声及机房隔声的构造措施。

发电机房应设计进排风井、排烟管井、储油间等设施。排烟管井应排放至屋顶或满足当地环境保护要求。

发电机房详图见图 4-33，重点表达设备基础做法及定位，排烟排风等墙体留洞等。

发电机房实景图详见图 4-34。

④ 制冷机房

制冷机房应预留大型设备的搬运通道条件；如没有条件，可预留吊装口，吊装设施应安装在高度、承载力满足要求的位置。

制冷机房宜采用水泥地面，并应设置冲洗地面上下水设施；在设备可能漏水、泄水的位置，设地漏或排水明沟。设备周围及上部应留出通行及检修空间。

制冷机房设置位置不宜与有噪声限制的房间相邻布置，并应采取隔声治理措施。

制冷机房详图见图 4-35，应表达设备基础位置、定位及做法，排水找坡方向、排水沟的定位及构造做法。

制冷机房实景图详见图 4-36。

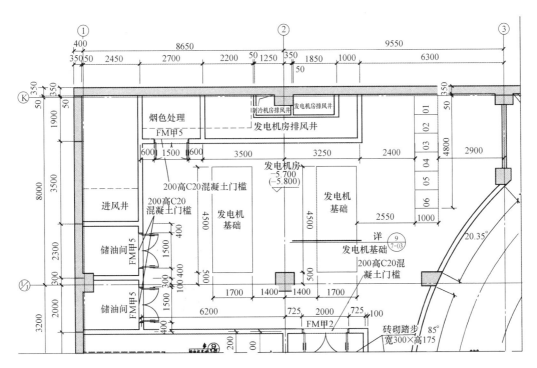

图 4-33 发电机房详图

图 4-34 发电机房

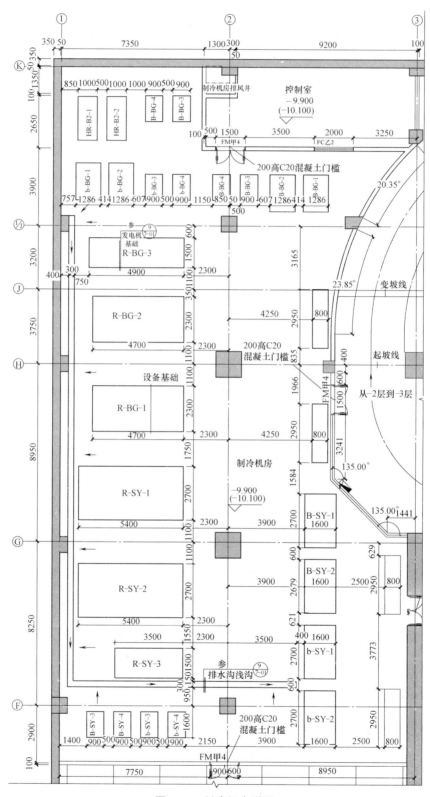

图 4-35　制冷机房详图

图 4-36 制冷机房实景图

（2）汽车库坡道详图

① 坡道宽度设置要求：汽车库坡道宽度要求详见表 4-4。

汽车库坡道宽度要求　　　　　　　表 4-4

坡道类型	计算宽度（m）	最小宽度（m）	
		微型、小型车	中型、大型、铰接车
直线单行	单车宽+0.8	3.0	3.5
直线双行	双车宽+2.0	5.5	7.0
曲线单行	单车宽+1.0	3.8	5.0
曲线双行	双车宽+2.2	7.0	10.0

② 坡道坡度设置要求：汽车库坡道坡度要求详见表 4-5。

汽车库坡道坡度要求　　　　　　　表 4-5

	直线坡道（%）		曲线坡道（%）		备注
	纵坡	横坡	纵坡	横坡	
小（微）型车	≤15		≤12		斜楼板式汽车库，其楼板坡度应不大于5%；采用错层时，纵坡同直线坡道，且相邻两坡段间的水平距离应≥14m
轻型车	≤13.3	0	≤10	2～6	
中型车	≤12		≤10		
大型车（客、货）	≤10		≤8		

汽车库内当通车道纵向坡度大于 10% 时，坡道上、下端均应设缓坡。其直线缓坡段的水平长度不应小于 3.6m，缓坡坡度应为坡道坡度的 1/2。曲线缓坡段的水平长度不应小于 2.4m，曲线的半径不应小于 20m，缓坡段的中点为坡道原起点或止点。

③ 坡道净高设置要求：汽车库坡道净高要求详见表 4-6。

汽车库坡道净高要求 表 4-6

车型	小型车	中型车
坡道的最小净高(m)	2.2	2.8(轻型车),3.4(大中型车)

④ 地下汽车库在出入地面的坡道端，应设置与坡道同宽的截流水沟和耐轮压的金属沟盖，以及闭合的挡水槛。

汽车库坡道平面图详见图 4-37。

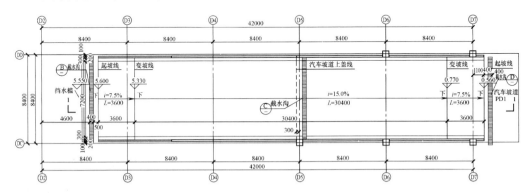

图 4-37 汽车库坡道平面图

汽车库坡道剖面图详见图 4-38。

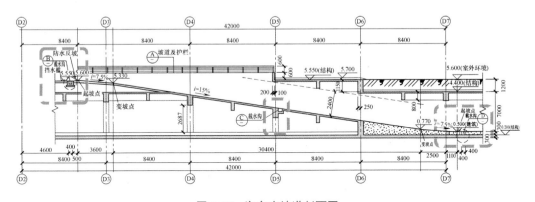

图 4-38 汽车库坡道剖面图

（3）集水井、排水沟、风井详图

① 集水井详图

集水井平面位置由给水排水专业提出，建筑专业复核，结构专业复核基础承台的避让；集水井排水立管需靠墙或柱设置，不能悬空布置，详见图 4-39。

② 排水沟、截水沟详图

排水沟尽量设置于停车位的后部，尽量不横跨行车道，防火分区内排水沟应自成体系，不得跨越防火分区。

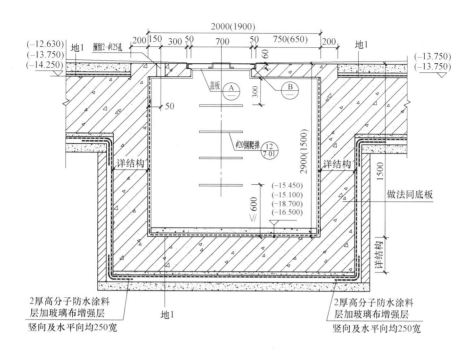

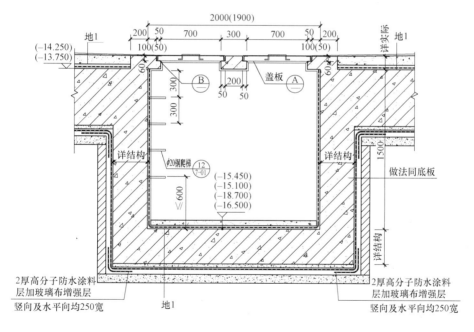

图 4-39 集水井详图

　　直通室外的地下车库坡道，在坡道顶端及底部均设置截水沟，并建议在坡道顶部开口段的 2m 范围内加设截水沟。

　　排水沟详图见图 4-40。

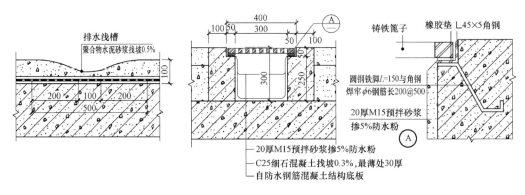

图 4-40　排水沟详图

坡道出口及坡道上截水沟详图见图 4-41。

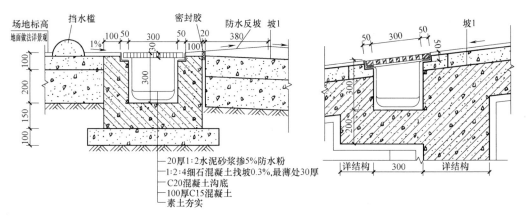

图 4-41　截水沟详图

③ 风井详图

通风竖井应结合暖通专业提供的面积、位置等要求设置。复杂风井如土建转换风井、夹层风井等应绘制风井详图。

通风百叶应根据暖通专业提供的面积要求设计，预留土建安装尺寸并满足透风率的要求。地面风井通风百叶处应设置挡水设施。

地下通风竖井通至地面层时，与地面建筑其他功能房间之间采取防火分隔措施。

风井剖面图详见图 4-42。

地下出地面风井与地面建筑的防火分隔详见图 4-43。

（4）停车位详图

停车位表达方式：主要有标准停车位、充电停车位、无障碍停车位等类型。

① 标准停车位

以标准停车位为例：尺寸 2.4m×5.0m（5.3m）。车位应结合墙柱位置进行合理布置，开门位置应避开墙体或结构柱。详见图 4-44。

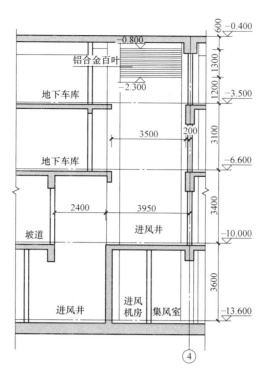

图 4-42　风井剖面图

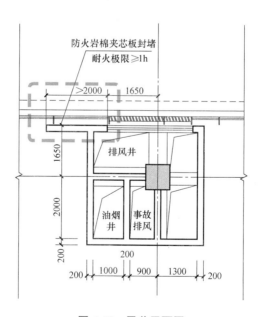

图 4-43　风井平面图

车轮挡详图见图 4-45。

② 无障碍停车位、轮椅通道

无障碍停车位尺寸：2.5m×6.0m，轮椅通道：1.2m×5.4m，两个无障碍车位

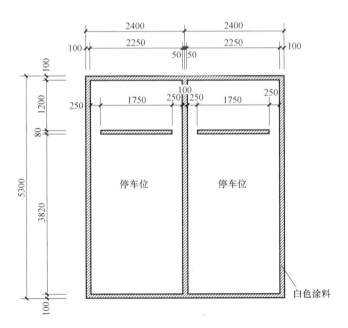

图 4-44 标准停车位示意图

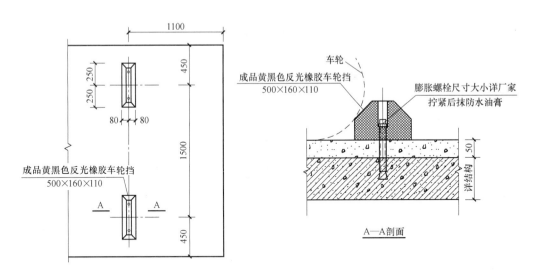

图 4-45 车轮挡详图

可共用一个轮椅通道。详见图 4-46。

③ 充电停车位

充电停车位平面图详见图 4-47。

④ 停车库墙、柱防撞护角

防撞护角详图见图 4-48。

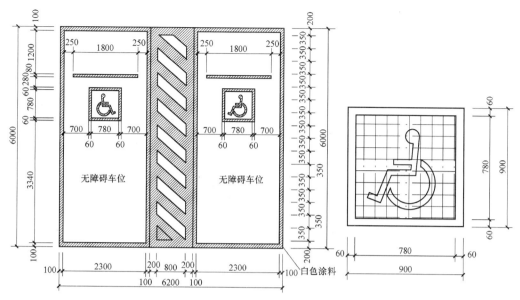

图 4-46　无障碍停车位示意图

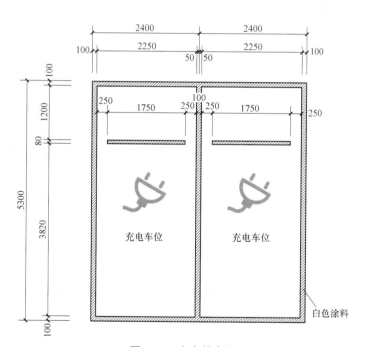

图 4-47　充电停车位

（5）防火卷帘详图

① 防火卷帘安装部位应核对结构梁高，确保防火卷帘安装完成后净高能满足土建要求。注意设备管线尽量不要穿越防火卷帘位置。防火卷帘安装位置应根据结构不同形式进行处理，如无梁楼盖则需要挂板安装，如与柱托冲突则要求结构专业进行特别处理以避让。

② 与人防门同一部位设置时，应设置在非人防门一侧。

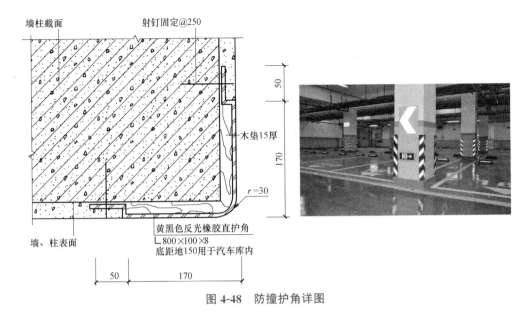

图 4-48　防撞护角详图

③ 防火卷帘两侧设置的导轨短墙，应尽量避免对停车位的影响。

防火卷帘安装详图见图 4-49。

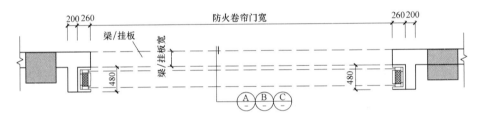

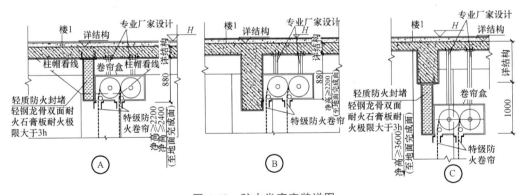

图 4-49　防火卷帘安装详图

（6）电梯详图

① 电梯设计应按照建设方提供的电梯土建资料进行设计，电梯的井道尺寸、基坑标高、电梯层门洞尺寸、牛腿的设置要求等均应满足土建资料要求。

② 顶层高度和机房高度需满足电梯土建资料要求，特别注意机房楼板的厚度及

建筑面层厚度不计入电梯顶层高度，机房净高应满足扣除吊钩梁及吊钩的高度要求。

电梯详图见图 4-50。

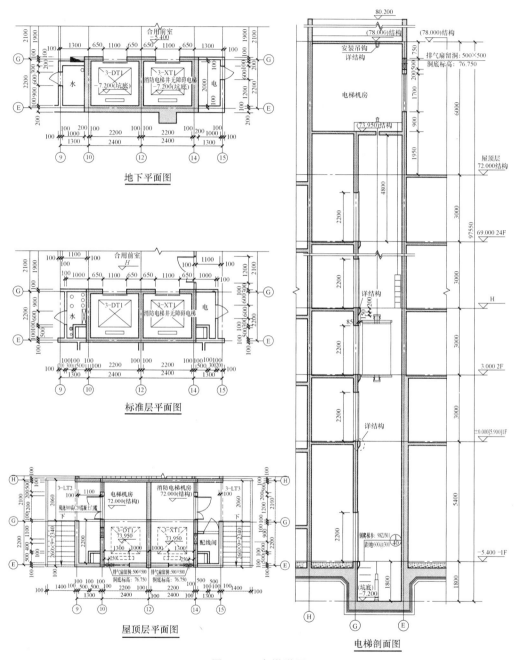

图 4-50　电梯详图

（7）门窗表、门窗详图

① 地下室的门窗种类主要有：防火门、防火窗、防火卷帘、通风百叶等。

② 门窗详图应绘制各门窗编号、洞口尺寸、门窗类别、防火等级、开启面积等信息。

③门窗统计表应表达门窗编号、洞口尺寸、门窗类别及材料、防火等级、数量等信息。

④门窗详图上要标注分隔扇尺寸，距地距离，是否设门槛。

门窗详图见图4-51。

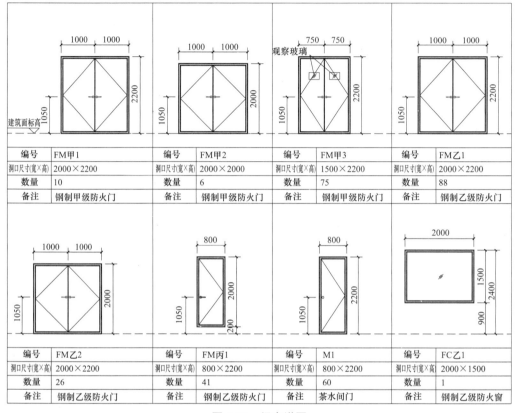

编号	FM甲1	编号	FM甲2	编号	FM甲3	编号	FM乙1
洞口尺寸(宽×高)	2000×2200	洞口尺寸(宽×高)	2000×2000	洞口尺寸(宽×高)	1500×2200	洞口尺寸(宽×高)	2000×2200
数量	10	数量	6	数量	75	数量	88
备注	钢制甲级防火门	备注	钢制甲级防火门	备注	钢制甲级防火门	备注	钢制乙级防火门

编号	FM乙2	编号	FM丙1	编号	M1	编号	FC乙1
洞口尺寸(宽×高)	2000×2200	洞口尺寸(宽×高)	800×2200	洞口尺寸(宽×高)	800×2200	洞口尺寸(宽×高)	2000×1500
数量	26	数量	41	数量	60	数量	1
备注	钢制乙级防火门	备注	钢制乙级防火门	备注	茶水间门	备注	钢制乙级防火窗

图4-51　门窗详图

门窗统计表详见表4-7。

门窗统计表　　　　　　　　　　　　　　　　　　表4-7

类型	编号	洞口尺寸(mm)(宽×高)	数量	备注
防火门	FM甲1	2000×2200	10	钢制甲级防火门
	FM甲2	2000×2000	6	
	FM甲3	1500×2200	75	
	FM甲4	1500×2000	84	
	FM乙1	2000×2200	88	钢制乙级防火门
	FM乙2	2000×2000	26	
	FM乙3	1800×2200	31	
	FM乙4	1600×2200	12	
	FM丙1	800×2000	41	钢制丙级防火门

类型	编号	洞口尺寸(mm) (宽×高)	数量	备注
防火窗	FC乙1	2000×800	1	钢制乙级防火窗
	FC乙2	2000×1500	1	
门	M1	800×2200	60	木门
	M2	600×2000	83	
	M3	900×2200	34	
	M4	1200×2000	18	无障碍卫生间门
卷帘门	JLM1	4800×3500	1	钢制卷帘
防火卷帘	TFJM1	3200×2200	1	钢制防火卷帘
	TFJM2	5250×2200	1	钢制特级防火卷帘
	TFJM3	6000×2200	6	
	TFJM4	6000×2500	7	
百页	BY1	2000×2600	1	铝合金百叶
	BY2	2200×2600	1	
	BY3	2600×2200	1	
	BY4	2200×2100	1	
	BY5	400×160	12	
	BY6	500×1300	3	
	BY7	1000×700	3	
	BY8	700×900	8	
	BY9	2300×1900	1	
	BY10	2400×1900	2	

（二）人防地下室设计

1. 设计目的

按照《中华人民共和国人民防空法》要求，人民防空工作应当遵循长期准备、重点建设、平战结合、防空防灾防恐一体化的原则，并与经济社会发展、城市建设和防灾救灾及处置突发事件应急要求相协调。民用建筑地下室按规定应设置与平时使用功能相结合的人防设施，并按照国家规定的标准和要求进行设计。人防地下室的设计要求为：能抵御预定的空气冲击波或土中压缩波直接作用，满足防毒要求，有自成体系的使用空间。

2. 设计要点

应根据各项目人防建设征询意见，结合项目具体情况，如场地标高，地下室范围层数及功能布置，地上建筑位置及功能等因素制定人防地下室设计方案。设计中应具体考虑以下因素：

（1）设置全埋人防地下室，应结合场地标高、道路标高、顶板覆土高度、设备房区域等因素确定人防地下室的位置以及人防顶板的标高。

（2）人防地下室的场地选址，出地面的出入口、汽车坡道和通风口，管线、人防防护设施等应满足防空工程防洪涝技术标准的要求。

（3）合理布置战时功能主体方案，口部设计应尽量减少对地下室平时使用功能的影响。结合地上建筑布局、核心筒楼梯、汽车坡道位置等制定人防主、次要出入口方案。室外主要出入口应设置在主体建筑以外，也可附建在塔楼或裙房一侧，或利用汽车坡道地面段设置，尽量减少对建筑物及庭院景观的影响。

（4）应明确划分防护区和非防护区，一般利用平时为车库，战时为人防掩蔽功能的平战结合方式设置人防区域。设备房及其他功能用房应划在非防护区内。电梯必须设置在人防区外。

（5）应确定人防防护单元和抗爆单元方案。

（6）按照防护单元面积核准掩蔽面积及掩蔽人数，确定主、次要出入口通道宽度、人防门尺寸、楼梯宽度。合理利用地上部分建筑的楼梯作为次要出入口。

（7）车库行车通道上的人防门或封堵板的高度应考虑地下室设备管线高度及车辆通行高度。

（8）应充分考虑平战结合及平战转换要求。

3. 设计配合要点

人防设计建设方如委托其他人防设计院设计时，配合过程需注意以下问题：

（1）应复核人防区域的合理性，人防分区与防火分区的匹配。

（2）应复核人防主要出入口的地面段位置对建筑物的首层及场地的影响。

（3）应复核人防口部布置对平时使用的影响，如停车、行车流线及占用车位的影响。

（4）应考虑通风竖井的平战结合。

（5）土建设计单位的各专业应满足人防专业的互提资料的控制节点及提资深度要求。

4. 图纸内容

（1）人防说明：包括设计依据、工程概况、设计说明、设计标高及人防地下室材料做法和房间装修做法等。

（2）图纸内容：主要包括平时平面图、战时平面图、首层平面图、屋顶层平面图、剖面图、人防口部详图、人防楼梯详图、坡道详图、人防节点详图、防倒塌棚架详图等。

（3）平战转换专篇：应包括设计依据、项目概况、民防设置要求、建筑分类及使用年限、防护单元技术经济指标。还包括平战转换预留项目，各部分转换建设标准，各专业平战转换表，转换方案，转换详图等。

人防地下室图纸目录详见表4-8，人防地下室在报建审查时应单独列出与人防设计相关的图纸。

人防地下室图纸目录

表 4-8

序号	图号	图名	图幅	版次	日期	备注
RJ-01	ZS-1	总平面图	A0+1/8	1.0	2019.06.25	
RJ-02	ZS-2	一层总平面图	A0+1/8	1.0	2019.06.25	
RJ-03	ZS-4	竖向布置图	A0+1/8	1.0	2019.06.25	
	00 系列	共用图				
RJ-04	JS-0-07	人防设计说明及图纸目录	A0+1/8	1.0	2019.06.25	
	100 系列	平、剖面图				
RJ-05	JS-D-101	地下三层平时平面图	A0+1/8	1.0	2019.06.25	
RJ-06	JS-D-102	地下三层战时平面图	A0+1/8	1.0	2019.06.25	
RJ-07	JS-D-103	地下二层平面图	A0+1/8	1.0	2019.06.25	
RJ-08	JS-D-104	地下一层平面图	A0+1/8	1.0	2019.06.25	
RJ-09	JS-D-105	一层平面图	A0+1/8	1.0	2019.06.25	
RJ-10	JS-D-106	二层平面图	A0+1/8	1.0	2019.06.25	
RJ-11	JS-D-107	屋顶层平面图	A0+1/8	1.0	2019.06.25	
RJ-12	JS-D-108	1—1 剖面图	A0+1/8	1.0	2019.06.25	
	200 系列	电梯、楼梯、坡道详图				
RJ-13	JS-D-201	汽车坡道详图(一)	A1	1.0	2019.06.25	
RJ-14	JS-D-202	汽车坡道详图(二)	A1	1.0	2019.06.25	
RJ-15	JS-D-203	RFLT1 人防楼梯详图	A1	1.0	2019.06.25	
RJ-16	JS-D-204	裙楼地下室楼、电梯详图	A1	1.0	2019.06.25	
	600 系列	人防详图系列				
RJ-17	JS-D-601	人防口部详图(一)	A1	1.0	2019.06.25	
RJ-18	JS-D-602	人防口部详图(二)	A1	1.0	2019.06.25	
RJ-19	JS-D-603	人防节点详图	A1	1.0	2019.06.25	

5. 人防设计说明

（1）设计说明：包括设计依据、工程概况、主体设计、口部设计、电站、人防报警间、平战转换、辅助房间、内部装修、留洞标高等内容。

（2）防护单元、抗爆单元技术指标表详见表 4-9。

表 4-9

防护单元、抗爆单元技术指标表

防护单元	防护等级	防化等级	建筑面积(m²)	掩蔽面积(m²)	掩蔽人数(人)	区域	建筑面积(m²)	掩蔽面积(m²)	掩蔽人数(人)	房间净高(mm)	出入口性质	门编号	门洞尺寸 宽×高(mm)	通道净宽(mm)	b_1	b_2	h_1	h_2	l_m	楼梯净宽(mm)	备注
第1防护单元	甲类 核6级 常6级	丙级	1994.70	1392	1392	1-1抗爆单元	497.99	250	250	>2200	主出入口	HFM1220(6)	1200×2000	2750	≥250	≥400	150	>300	1800	1200	
												HM1220	1200×2000	2450	≥250	≥400	150		2800		
						1-2抗爆单元	497.28	366	366	>2200											
						1-3抗爆单元	499.69	350	350	>2200	次出入口	HFM1520(6)	1500×2000	2700	≥250	≥400	150	>300	2400	2000	
												HM1520	1500×2000	3200	≥250	≥400	150		2950		
						1-4抗爆单元	499.74	426	426	>2200	次出入口	HFM1520(6)	1500×2000	2200	≥250	≥400	150	>300	2200	7800	利用坡道
												HM1520	1500×2000	2900	≥250	≥400	150		2800		
第2防护单元	甲类 核6级 常6级	丙级	1935.17	1396	1396	2-1抗爆单元	472.06	315	315	>2200	主出入口	HFM1220(6)	1200×2000	3500	≥250	≥400	150	>300		1200	
												HM1220	1200×2000	3550	≥250	≥400	150				
						2-2抗爆单元	491.64	405	405	>2200	次出入口	HHFM1520(6)	1500×2000	2700	≥250	≥400	150	>300	2700	2000	
												HHM1520	1500×2000	2200	≥250	≥400	150		2300		
						2-3抗爆单元	476.73	295	295	>2200											
						2-4抗爆单元	494.74	381	381	>2200	次出入口	HFM1520(6)	1500×2000	4550	≥250	≥400	150	>300	2800	1900	
												HM1520	1500×2000	3100	≥250	≥400	150		4700		

续表

防护等级	防火等级	建筑面积(m²)	掩蔽面积(m²)	掩蔽人数(人)	区域	建筑面积(m²)	掩蔽面积(m²)	掩蔽人数(人)	房间净高(mm)	出入口性质	门编号	门洞尺寸 宽×高(mm)	通道净宽(mm)	b_1	b_2	h_1	h_2	l_m	楼梯净宽(mm)	备注
第3防护单元 甲类 核5级 常5级	丙级	1985.05	1398	1398	3-1抗爆单元	492.59	415	415	>2200											
					3-2抗爆单元	498.07	328	328	>2200	主出入口	HHFM1220(5)	1200×2000	1850	≥250	≥400	150	>300	3150		
											HHM1220	1200×2000	2400	≥250	≥400	150	>300	2000	1500	
					3-3抗爆单元	496.40	302	302	>2200	次出入口	HHFM1220(5)	1200×2000	4750	≥250	≥400	150	>300	3400		
											HHM1220	1200×2000	3300	≥250	≥400	150	>300	2200	1300	
					3-4抗爆单元	497.99	353	353	>2200	次出入口	HHFM2020(5)	2000×2000	4000	≥250	≥400	150	>300	2600		
											HHM2020	2000×2000	4250	≥250	≥400	150	>300	2700	1300	
第4物资库防护单元 6级	丁级	3844.50	3424		4-1抗爆单元	1887.63	1640		>2200	主出入口	HFM2020(6)	2000×2000	3000	≥250	≥400	150	>300	4200		
											HM2020	2000×2000	3200	≥250	≥400	150	>300	3500	2000	
					4-2抗爆单元	1956.87	1784		>2200	次出入口	HHFM1220(6)	1200×2000	2350	≥250	≥400	150	>300	2000		
											HHM1220	1200×2000	2100	≥250	≥400	150	>300	3000	1900	
战时柴油发电机房 甲类 核5级 常5级	无	242.56			区域电站	242.56														

（3）人防门窗统计表详见表 4-10。

防护密闭门、密闭门、防爆波活门、战时门窗表　　表 4-10

序号	门型号	种　类	洞口尺寸(mm)		樘数	备注
			宽	高		
1	FMDB6027(5)	连通口双向受力防护密闭封堵板	6000	2700	4	
2	FMDB6027(6)	连通口双向受力防护密闭封堵板	6000	2700	2	
3	GHSFM6025(6)	双扇活门槛钢筋混凝土防护密闭门	6000	2500	5	
4	HFM0820(5)	钢筋混凝土单扇防护密闭门	800	2000	2	
5	HFM0820(6)	钢筋混凝土单扇防护密闭门	800	2000	6	
6	HFM1020(5)	钢筋混凝土单扇防护密闭门	1000	2000	2	
7	HFM1020(6)	钢筋混凝土单扇防护密闭门	1000	2000	8	
8	HFM1220(6)	钢筋混凝土单扇防护密闭门	1200	2000	2	
9	HFM1520(5)	钢筋混凝土单扇防护密闭门	1500	2000	1	
10	HFM1520(6)	钢筋混凝土单扇防护密闭门	1500	2000	3	
11	HHFM1220(5)	钢筋混凝土活门槛单扇防护密闭门	1200	2000	2	
12	HHFM1220(6)	钢筋混凝土活门槛单扇防护密闭门	1200	2000	1	
13	HHFM1520(6)	钢筋混凝土活门槛单扇防护密闭门	1500	2000	3	
14	HHFM2020(5)	钢筋混凝土活门槛单扇防护密闭门	2000	2000	2	
15	HHM1220	钢筋混凝土活门槛单扇密闭门	1200	2000	3	
16	HHM1520	钢筋混凝土活门槛单扇密闭门	1500	2000	1	
17	HHM2020	钢筋混凝土活门槛单扇密闭门	2000	2000	2	
18	HK400(5)	悬板式防爆波活门	440	800	1	
19	HK600(5)	悬板式防爆波活门	620	1400	6	
20	HK1000(5)	悬板式防爆波活门	850	2100	4	
21	HM0716	钢筋混凝土单扇密闭门	700	1600	4	
22	HM1020	钢筋混凝土单扇密闭门	1000	2000	3	
23	HM1220	钢筋混凝土单扇密闭门	1200	2000	4	
24	HM1520	钢筋混凝土单扇密闭门	1500	2000	3	
25	MGC1208	密闭观察窗	1200	800	1	

注：战时进风机房、防化通信值班室等战时设备用房均采用甲级防火门，以上房间均应平时施工。

（4）平战转换表详见表 4-11。

人防地下室防护功能平战转换表　　　　　　　　　表 4-11

序号	名称与内容	单位	工程量	安装位置及安装方式	转化时限
1	集水井,染毒水池	个	31	位于各室外出入口与底板初步同时完成	平时安装
2	防护密闭门	个	37	位于各防护单元室内、室外出入口,边框及预埋件与墙体施工同步完成,安装门扇在验收前完成	平时安装
3	密闭门	个	17	位于各防护单元室内、室外出入口,边框及预埋件与墙体施工同步完成,安装门扇在验收前完成	平时安装
4	进排风口的悬板活门	个	13	位于各防护单元室内、室外出入口,边框及预埋件与墙体施工同步完成,安装门扇在验收前完成	平时安装
5	防护单元之间临战封堵挡板	处	6	位于地下室各防护单元之间,预埋件与墙体施工同步完成	平时施工,紧急转换（3 天内）安装封堵板
6	平时排风口的砖砌集气室	处	8	位于人防地下室各防护单元内,与地下室主体同时施工	临战封堵,紧急转换（3 天内）安装封堵板
7	人防专用房间:配电室、风机房等	个	配电室 5、风机房 4	位于人防地下室各防护单元内,与地下室主体同时施工	紧急转换（3 天内）
8	人防专用房间:男女干厕	m	砌体长度 115（需用 75m³ 砌块）	砌块平时存在地下车库,战时堆垒,结合战时用水房一起堆垒	平时安装
9	车道入口,非防护区入口的人防门关闭与封堵	个	5,封堵口长度 29m（需用 95m³ 砂袋）	位于防护单元室内、室外出入口,边框及预埋件与墙体施工同步完成,安装门扇在验收前完成	临战封堵,紧急转换时（3 天内）完成
10	抗爆单元之间隔墙与挡墙	m	砂包长度 235（需用 317m³ 砂袋）	平时存在地下车库	临战堆垒,临战转换时（3 天内）完成

6. 战时人防平面图

人防战时平面图应表达的内容：口部设计及编号、防爆隔墙、水箱、人防干厕、防护单元示意图、防护单元信息表等内容。口部设计在战时和平时平面图中均应表示，人防库房应在平时平面图中表示。

人防战时平面图详见图 4-52。

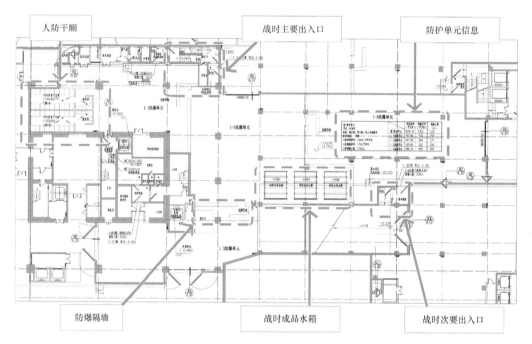

图 4-52　人防战时平面图

人防单元示意图详见图 4-53。

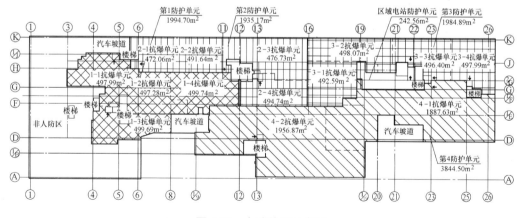

图 4-53　人防单元示意图

防护单元信息表应表达各防护单元的平时功能、战时功能、防化等级、人防面积、掩蔽面积、掩蔽人数等信息。

防护单元信息表详见图 4-54。

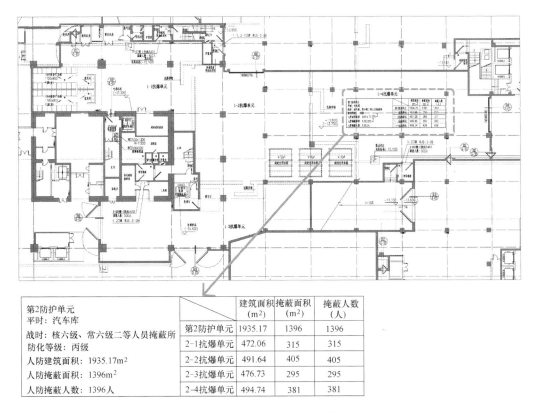

	建筑面积 (m²)	掩蔽面积 (m²)	掩蔽人数 (人)
第2防护单元	1935.17	1396	1396
2-1抗爆单元	472.06	315	315
2-2抗爆单元	491.64	405	405
2-3抗爆单元	476.73	295	295
2-4抗爆单元	494.74	381	381

第2防护单元
平时：汽车库
战时：核六级、常六级二等人员掩蔽所
防化等级：丙级
人防建筑面积：1935.17m²
人防掩蔽面积：1396m²
人防掩蔽人数：1396人

图 4-54　防护单元信息表

7. 人防口部设计

（1）主要出入口

① 主要口部的地面段应设在主体建筑以外。

② 如条件限制，可将地面段设计为附壁式出入口，但须按照规范要求设置防倒塌棚架。

③ 应满足防毒通道、简易洗消、扩散室、人防门的设置要求。

④ 人防口部墙体、临空墙等根据结构专业要求的厚度设置钢筋混凝土墙体。

主要出入口口部及地面段楼梯详图见图 4-55。

（2）次要出入口

① 次要出入口可利用建筑物内部楼梯解决出地面。

② 注意出入口人数所需的宽度与人防门及楼梯宽度应匹配。

③ 注意通风专业平战结合的要求。

④ 平时有消防疏散要求的人防出入口应设置成活门槛，以免平时使用时存在安全隐患。

次要口部设置密闭通道、滤毒室、平战结合的通风设施等详见图 4-56。

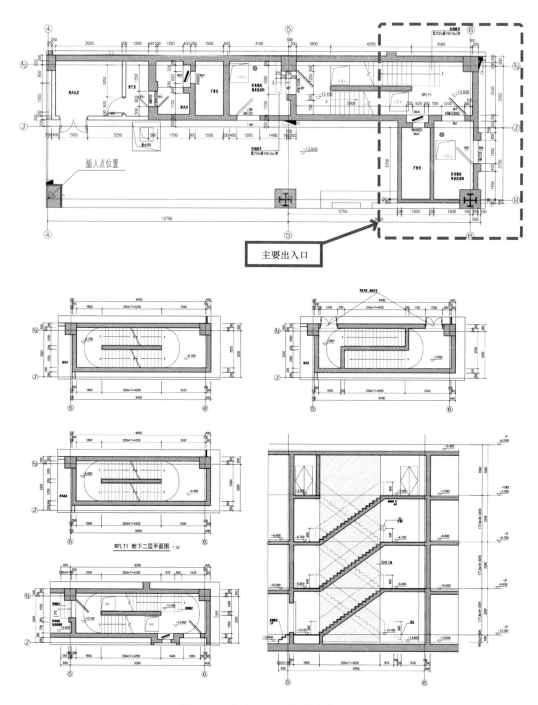

图 4-55　人防口部及人防楼梯详图

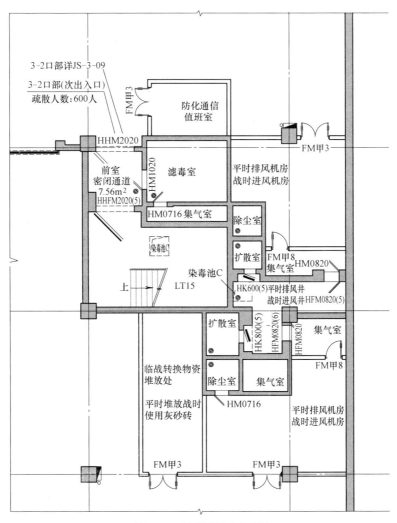

图 4-56　次要出入口口部

8. 人防电站设计

（1）人防建筑面积大于 5000m² 应按规定设置人防电站。

（2）口部设计应满足电站设备进出要求。

（3）应考虑设备进出、设备摆放、进排风、储油间等要求。

人防电站平面图详见图 4-57。

9. 人防口部详图

（1）标注口部墙体门洞定位尺寸。

（2）标注与人防门剖面所对应的剖切号。

（3）人防门与防火门设置在同一门洞时，防火门立档位置应避开人防门门框位置，同时人防门的选型应满足防火门完全开启的要求。

人防口部平面放大图详见图 4-58。

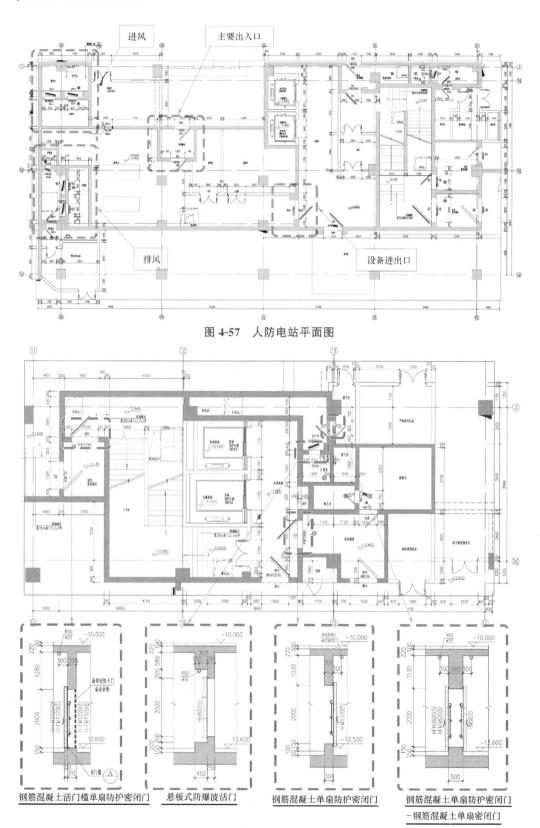

图 4-57 人防电站平面图

图 4-58 人防口部详图

10. 人防节点详图

（1）人防门剖面图：平时和战时状态下的不同处理，核对结构梁高对人防门的影响。

（2）固定门槛、活门槛节点图。

（3）防爆波电缆井详图。

（4）汽车坡道设置人防门应注意平战结合。平时使用时，车道上防护密闭门的门前坑，平时不得用回填灌注，应采用便于安装、拆卸的钢制活动垫架，保证 2~3 人手动在 10 分钟内拆卸完毕关闭人防门，同时能满足平时行车使用要求。

人防节点详图详见图 4-59，各节点详图中的标高、尺寸应标注准确。

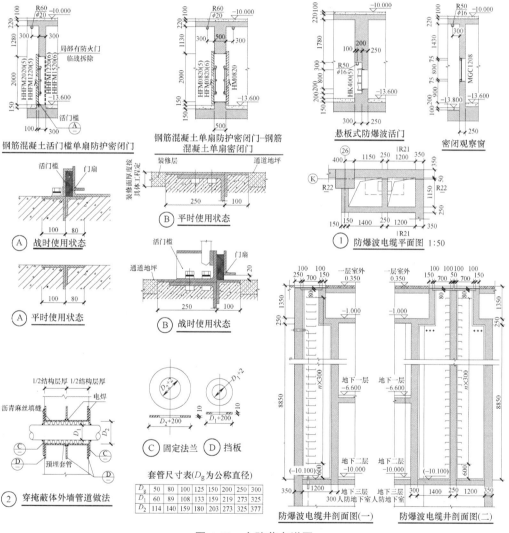

图 4-59　人防节点详图

汽车坡道平战结合详图详见图 4-60。

11. 人防设施实物图

详见图 4-61。

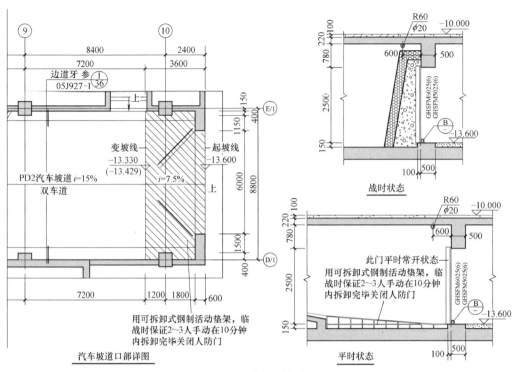

图 4-60　汽车坡道平战结合详图

(a)钢筋混凝土防护密闭门(固定门槛)

(b)钢筋混凝土防护密闭门(活门槛)

(c)车道处钢制防护密闭门

(d)悬板式防爆波活门

图 4-61　人防门

四、平面图设计

（一）一般图纸设计要点

1. 图纸名称及编排

（1）每张平面图都需要标示图纸名称、比例，图纸名称应与图纸目录名称一致，详见图 4-62。

（2）平面图纸编排顺序：先地下、后地上，地下部分从最底层依次往上排列至地

序号	图号	图名		图幅	版本号	修改时间	备注
		图纸目录					
	000系列	专用图					
1	JS-T2-001g5	图纸目录		A1+1/4	1.5	2015.09.15	替换
2	JS-T2-002g2	建筑设计说明（一）		A1	1.3	2015.04.10	
3	JS-T2-003	建筑设计说明（二）		A1+1/4	1.0	2015.01.10	
4	JS-T2-004g1	电梯、扶梯明细表		A0	1.1	2015.02.13	
5	JS-T2-005g1	材料做法表（一）		A1+1/4	1.1	2015.02.13	
6	JS-T2-006g2	建筑节能设计说明专篇		A1	1.2	2015.03.30	
	100系列	平面图					
7	JS-T2-101g3	2号商业、办公楼	一层平面图	A0+1/4	1.5	2015.09.15	替换
8	JS-T2-102g3	2号商业、办公楼	二层平面图	A0+1/4	1.5	2015.09.15	替换
9	JS-T2-103g2	2号商业、办公楼	三层平面图	A0	1.3	2015.04.10	
10	JS-T2-104	2号商业、办公楼	四层平面图	A1	1.0	2015.01.10	
11	JS-T2-105	2号商业、办公楼	五~十层平面图	A1	1.0	2015.01.10	
12	JS-T2-106	2号商业、办公楼	十一层（避难层）平面图	A1	1.0	2015.01.10	
13	JS-T2-107	2号商业、办公楼	十二~十四层平面图	A1	1.0	2015.01.10	
14	JS-T2-108	2号商业、办公楼	十五~十六层平面图	A1	1.0	2015.01.10	
15	JS-T2-109g1	2号商业、办公楼	十七层（避难层）平面图	A1	1.1	2015.02.13	
16	JS-T2-110	2号商业、办公楼	十八~十九层平面图	A1	1.0	2015.01.10	
17	JS-T2-111	2号商业、办公楼	二十~三十层平面图	A1	1.0	2015.01.10	
18	JS-T2-112g1	2号商业、办公楼	三十一层（避难层）平面图	A1+1/4	1.1	2015.02.13	
19	JS-T2-113	2号商业、办公楼	三十二层平面图	A1	1.0	2015.01.10	
20	JS-T2-114	2号商业、办公楼	三十三层平面图	A1	1.0	2015.01.10	
21	JS-T2-115	2号商业、办公楼	三十四层平面图	A1	1.0	2015.01.10	
22	JS-T2-116	2号商业、办公楼	三十五层平面图	A1	1.0	2015.01.10	
23	JS-T2-117	2号商业、办公楼	三十六~三十七层平面图	A1	1.0	2015.01.10	
24	JS-T2-118	2号商业、办公楼	三十八~四十三层平面图	A1	1.0	2015.01.10	
25	JS-T2-119	2号商业、办公楼	四十四层平面图	A1	1.0	2015.01.10	
26	JS-T2-120	2号商业、办公楼	四十五层（避难层）平面图	A1	1.0	2015.01.10	
27	JS-T2-121	2号商业、办公楼	四十六层平面图	A1	1.0	2015.01.10	
28	JS-T2-122	2号商业、办公楼	四十七层平面图	A1	1.0	2015.01.10	
29	JS-T2-123	2号商业、办公楼	四十八~四十九层平面图	A1	1.0	2015.01.10	
30	JS-T2-124	2号商业、办公楼	五十~五十三层平面图	A1	1.0	2015.01.10	
31	JS-T2-125	2号商业、办公楼	五十四~五十九层平面图	A1	1.0	2015.01.10	
32	JS-T2-126g1	2号商业、办公楼	六十层（避难层）平面图	A1+1/4	1.1	2015.02.13	
33	JS-T2-127	2号商业、办公楼	六十一层平面图	A1	1.0	2015.01.10	
34	JS-T2-128	2号商业、办公楼	六十二层平面图	A1	1.0	2015.01.10	
35	JS-T2-129	2号商业、办公楼	六十三~六十四层平面图	A1	1.0	2015.01.10	
36	JS-T2-130	2号商业、办公楼	六十五~六十七层平面图	A1	1.0	2015.01.10	
37	JS-T2-131	2号商业、办公楼	六十八~七十一层平面图	A1	1.0	2015.01.10	

图纸名称

图 4-62　图纸目录

面层，地上部分从首层往上编号。

2. 平面图比例

平面图制图单位为毫米，常用平面图图纸比例：1：100、1：150、1：200。

（二）平面图设计内容

1. 定位、轴线、尺寸标注

（1）平面图应标注承重墙、柱及其定位轴线和轴线编号，编制轴线、轴号需注意的事项：

① 裙房和塔楼轴号一起编制时（适用于仅一栋塔楼），用一套轴网体系，例如：1，2；A，B。

② 裙房和塔楼亦可分别编制轴网，两套轴网之间需有定位关系。

例如：塔楼轴号 1-1，1-2，1-A，1-B；2-1，2-2，2-A，2-B；

裙房轴号 1，2；A，B。

（2）应标注轴线总尺寸（或外包总尺寸）、轴线间尺寸（柱距、跨度）、房间开间及进深尺寸、门窗洞口尺寸。

轴号编制图详见图 4-63。

2. 功能名称

（1）平面应注明房间名称或编号，厂房、仓库、库房（储藏）应注明储存物品的火灾危险分类。

（2）标明机动车库的停车位、无障碍车位、充电车位、公交车或客车停车位（必要时）的名称及数量；标注车道通行路线及方向；机动车停车位应按顺序编号；标注自行车位数量。

（3）住宅平面图中应标注各房间套型编号、使用面积、阳台面积等信息。

3. 分区平面及示意

大型建筑、单元式居住建筑平面较长较大时，可分区绘制，但应绘制组合平面图表示全貌，反映出总体、个体各部分之间的关系。

（1）分区绘制图纸时，须同时绘制组合平面示意图，标示基本尺寸、防火分区示意图；在各分区平面图适当位置上绘出分区组合示意图，并明显标示本分区部位编号。

（2）组合平面图示意图比例一般为：1：200，1：300，1：500（制图单位为毫米）。

（3）组合平面图表示内容和深度根据具体情况可适当简化，但至少应包括：

① 承重结构的轴线、轴线编号；

② 轴线间尺寸与定位、建筑外包尺寸与轴线的关系；

③ 结构和建筑主要构配件的位置；

④ 各房间或空间、功能区域的名称；

⑤ 分段或单元编号；

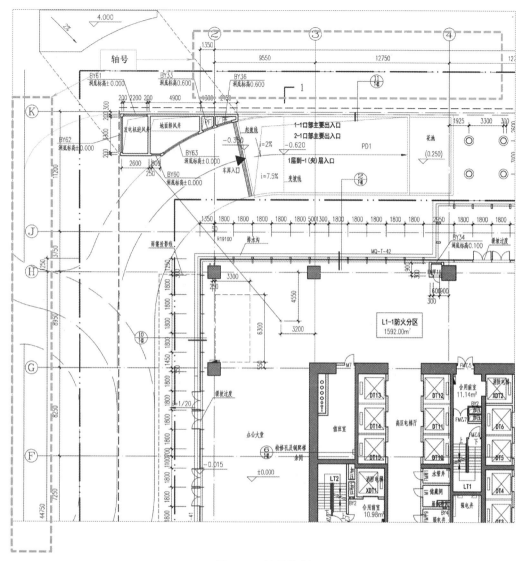

图 4-63 轴号编制

⑥ 防火分区示意图。

（4）分区平面图的分区界限不应出现未涵盖的区域，原则上应互相重叠一个轴网。

裙房拼接组合平面图详见图 4-64。

裙房拆分平面图详见图 4-65，按 1：100 比例拆分成三张平面图。

拆分图 a 详见图 4-66；拆分图 b（重叠一个轴网）详见图 4-67。

4. 相邻关系

（1）建筑及地下室邻近用地红线、地上建筑退线（按两级退线进行控制）及地下室退线时，应在首层和地下各层平面绘出邻近范围的用地红线、地上建筑退线（两级退线）及地下室退线并标注退线距离。

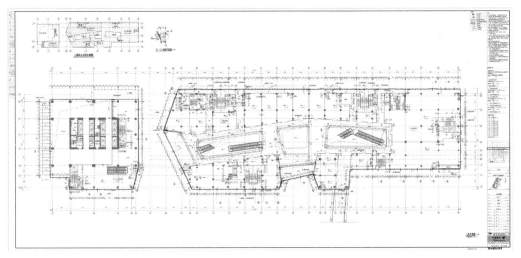

图 4-64　裙房拼接组合平面图

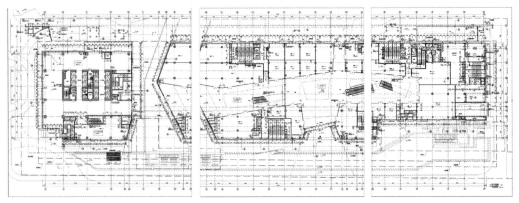

图 4-65　裙房拆分平面图

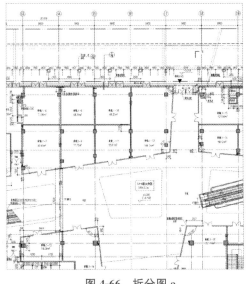

图 4-66　拆分图 a

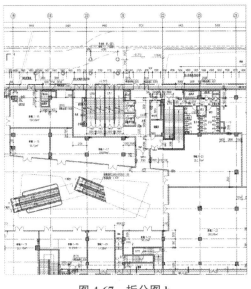

图 4-67　拆分图 b

（2）标注地上、地下城市公共通道的净宽、净高，与相邻城市公共通道连接点的坐标、标高等。

5. 指北针、剖切线及编号

首层平面应标注剖切线位置、剖切编号、指北针或风玫瑰。指北针详见图 4-68。

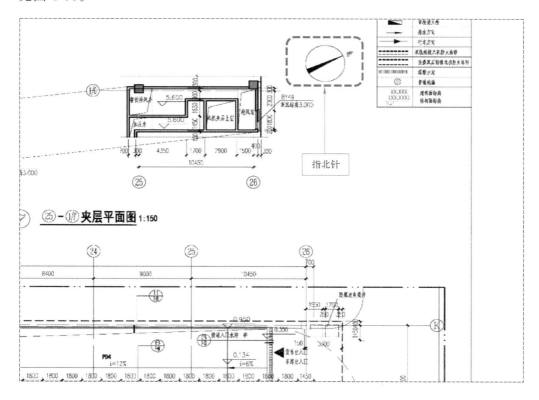

图 4-68 指北针

剖切线位置及编号（一般只标注在首层平面或需要剖切的平面位置）详见图 4-69。

6. 标高系统

（1）首层平面图应注明室内外地面设计相对标高以及与绝对标高的关系。

（2）其余各层平面图应注明各楼层标高、地下室各层标高、土建各处标高和室内有高差处的标高，如有超出装修面层厚度时应同时标注结构标高。

（3）地下室车道出入口，应注明起、止坡（变坡）点标高，截水沟深及排水坡度。

（4）注明特殊工艺要求的土建配合定位尺寸及工业建筑中的地面荷载、起重设备的起重量、行车轨距和轨顶标高等。

7. 平面构造尺寸定位及标注

（1）应标明墙身厚度（包括承重墙和非承重墙），柱与壁柱截面尺寸（必要时）

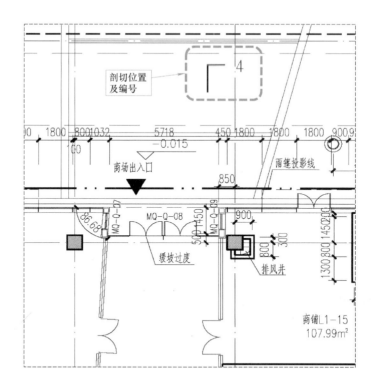

图 4-69　剖切线位置及编号图

及其与轴线关系尺寸。

（2）当围护结构为幕墙时，标明幕墙与主体结构的定位关系及平面凹凸变化的轮廓尺寸；玻璃幕墙部分标注立面分格间距的中心尺寸。

（3）阳台应标注面宽、进深、面积及比例。

（4）标注排水沟位置、尺寸、排水方向及坡道大小、集水坑的编号及尺寸（要与结构、给水排水的编号及尺寸一致），排水方向及坡道大小。

（5）标注电梯、自动扶梯、自动步道及传送带（注明规格）、楼梯（爬梯）位置，以及楼梯上下方向示意和编号索引。

（6）标注建筑中用于检修维护的天桥、格栅、马道等的位置、尺寸、材料和做法索引。

8. 各层平面绘制注意事项

平面图需从布图、防火分区、疏散距离、疏散宽度等方面着手设计。

（1）首层平面

① 首层需表达建筑与用地红线、退线、地下室轮廓线，方便检查核对退线是否满足规范要求。首层与用地红线、退线的关系图详见图 4-70。

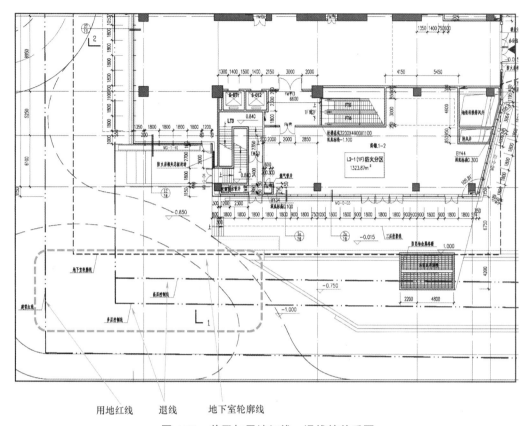

用地红线　　退线　　地下室轮廓线

图 4-70　首层与用地红线、退线的关系图

② 标注室外地面标高、首层地面标高，注明楼电梯出入口、扶梯底坑、无障碍出入口、卸货平台、地下车库出入口等位置、尺寸及室内外标高，高差超过规定处应设置防护栏杆。

首层楼电梯出入口局部放大图详见图 4-71。

首层卸货平台、车库出入口等局部放大图详见图 4-72，卸货平台需注意与地面有高差，在卸货平台与地面间宜设置排水间，方便卸货区域的冲洗。

首层局部放大图详见图 4-73。

（2）裙房屋顶平面

裙房屋面层平面图详见图 4-74。

裙房屋面平面图设计注意事项：

① 屋面平面应有女儿墙及女儿墙标高、檐口、天沟、坡向、雨水口、屋脊（分水线）、变形缝做法、楼梯间、水箱间、电梯间、天窗及挡风板、屋面上人孔、检修梯、设备基础、室外消防楼梯及其他构筑物，必要的详图索引号、标高等；

② 表示屋面出入口处室内外标高、台阶尺寸及选用图集做法；

③ 表示风井出屋面留洞尺寸、顶盖（风井有百叶和接风机两种表达方式，如接风机还需要表示风机基础）。

101

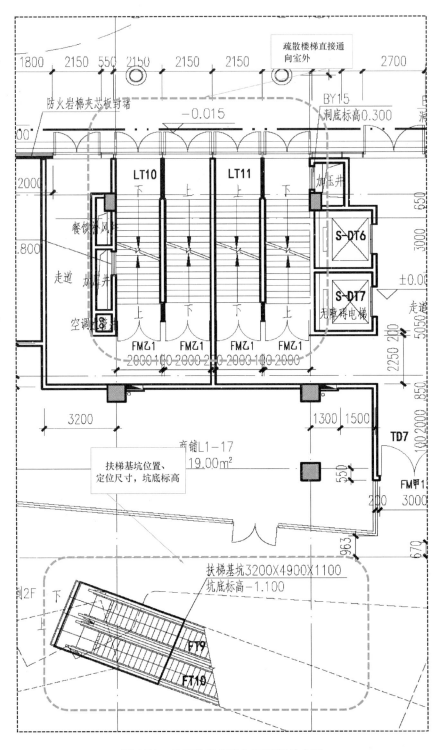

图 4-71　首层楼电梯出入口局部放大图

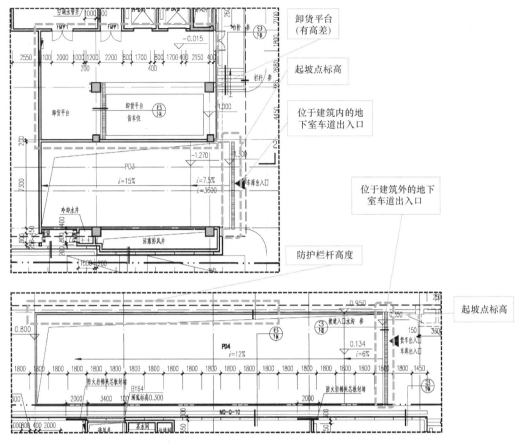

图 4-72 首层卸货平台、车库出入口等局部放大图

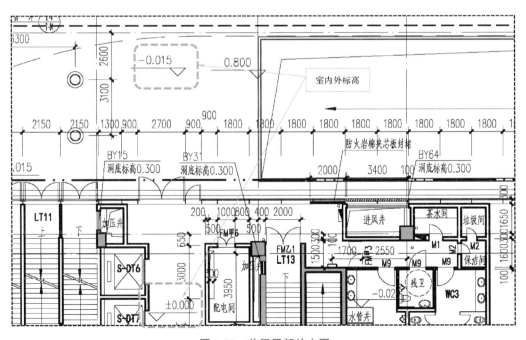

图 4-73 首层局部放大图

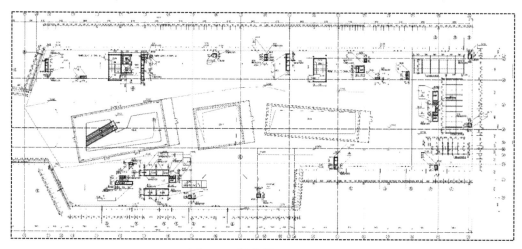

图 4-74　裙房屋面层平面图

裙房屋面层出入口及风井局部放大图详见图 4-75。

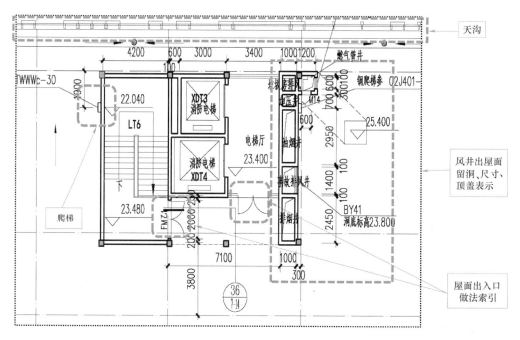

图 4-75　裙房屋面层出入口及风井局部放大图

裙房屋面女儿墙、排水组织、变形缝处等局部大样图详见图 4-76。

（3）标准层平面

① 塔楼标准层平面图需从布图、防火分区、疏散距离、疏散宽度、核心筒布置等方面着手设计；

② 标注内外门窗位置、编号及定位尺寸，门的开启方向（尽量避免影响走道疏散宽度），注明房间名称或编号；

③ 幕墙定位、说明结构边线位置；

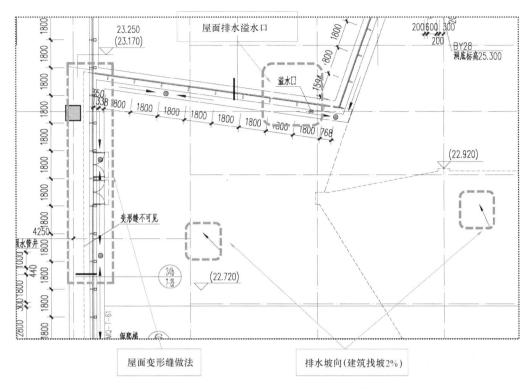

图 4-76 裙房屋面女儿墙、排水组织、变形缝处等局部大样图

④ 消火栓留洞、定位，尽量避免在剪力墙上留洞；

⑤ 特别要注意核心筒、剪力墙有风管留洞，前室、合用前室需注明面积；

⑥ 电井楼板留洞、后浇板；

⑦ 结构梁对管井留洞的影响。

塔楼标准层平面图详见图 4-77。

标准层局部放大图 a 详见图 4-78；标准层局部放大图 b 详见图 4-79。

（4）避难层平面

① 建筑高度大于 100m 的公共建筑，应设置避难层（间）；

② 第一个避难层（间）的楼地面至灭火救援场地地面的高度不应大于 50m，两个避难层（间）之间的高度不宜大于 50m；

③ 通向避难层（间）的疏散楼梯应在避难层分隔、同层错位或上下层断开；

④ 避难层（间）的净面积应能满足设计避难人数的要求，并宜按 5.0 人/m^2 计算；

⑤ 避难层可兼做设备层；管道井和设备间的门不应直接开向避难区；

⑥ 避难层应设置消防电梯出口；

⑦ 应设置直接对外的可开启窗口或独立的机械防烟设施，外窗应采用乙级防火窗。

避难层平面图详见图 4-80。

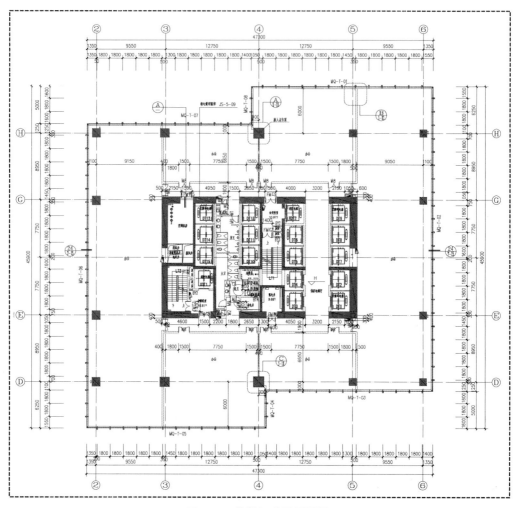

图 4-77 塔楼标准层平面图

避难层平面图局部放大图详见图 4-81。

（5）屋面层平面

屋面平面图设计注意事项：

① 屋面平面图应有女儿墙及女儿墙标高、檐口、天沟、坡向、雨水口、屋脊（分水线）、变形缝做法、楼梯间、水箱间、电梯间、天窗及挡风板、屋面上人孔、检修梯、设备基础、室外消防楼梯及其他构筑物，必要的详图索引号、标高等；

② 表示屋面出入口处室内外标高、台阶尺寸及选用图集做法；

③ 表示风井出屋面留洞尺寸、顶盖（风井有百叶和接风机两种表达方式，如接风机还需要表示风机基础）；

④ 屋面排水每一独立屋面的落水管数量不宜少于两个；

⑤ 需注明上人屋面、非上人屋面。

塔楼屋面出入口处放大图详见图 4-82。

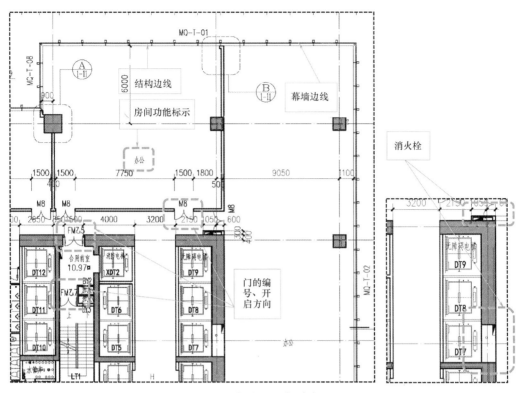

图 4-78 标准层局部放大图 a

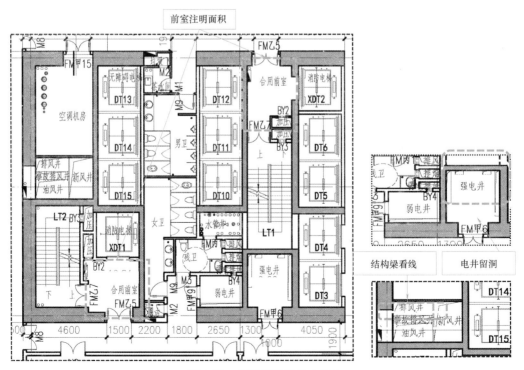

图 4-79 标准层局部放大图 b

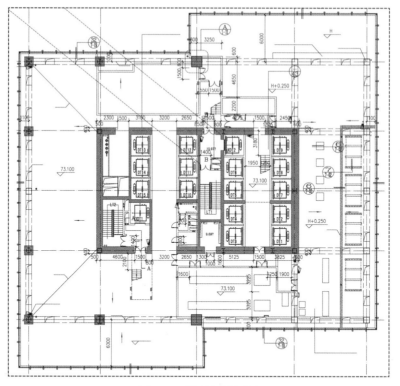

图 4-80 避难层平面图

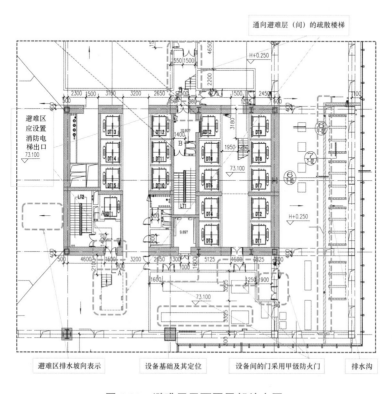

图 4-81 避难层平面图局部放大图

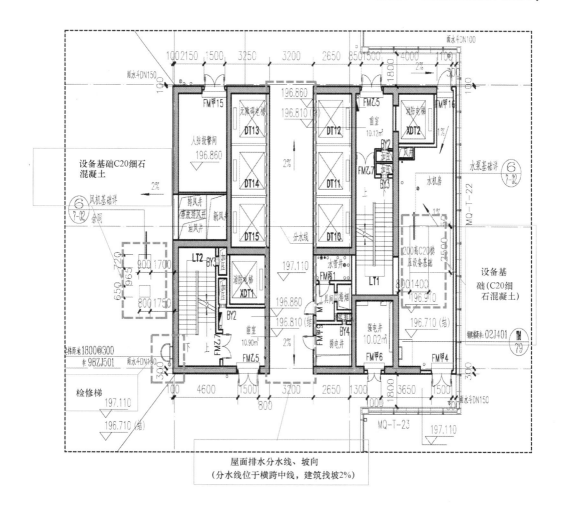

图 4-82 塔楼屋面出入口处放大图

塔楼屋面电梯机房及水箱间放大图详见图 4-83。

9. 门窗编号

（1）平面图中应对所有内外门窗（包括消防救援窗）、通风百叶、防火卷帘、幕墙等根据材料、功能等序列编号，并注明定位尺寸位置，门应标明开启方向，防火门和卷帘门应注明耐火等级。

（2）平面图中的门窗应与门窗表中编号及其他相关信息一致。

10. 详图索引

（1）部分在平面图上无法表达清楚的内容可以通过详图及详图索引在平面图上引出说明。

（2）门窗、内隔墙、中庭、天窗、地沟、地坑、重要设备或设备基础、平台、夹层、人孔、阳台、雨篷、台阶、坡道、散水、明沟等主要结构和建筑构造部件的位置、尺寸和做法索引。

台阶做法、护栏做法索引详见图 4-84。

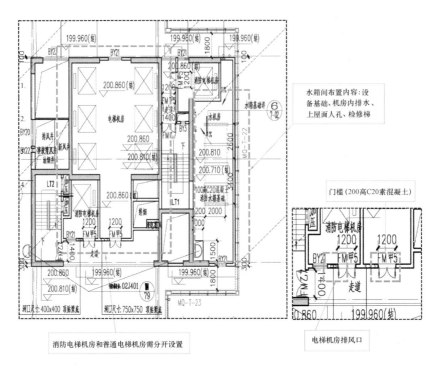

图 4-83 塔楼屋面电梯机房及水箱间放大图

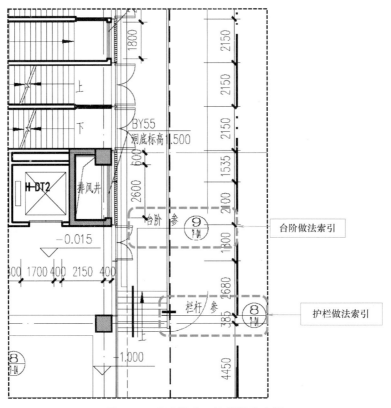

图 4-84 台阶做法、护栏做法索引

（3）变形缝位置（包括墙面、楼地面、顶棚等）、尺寸及做法索引。

（4）楼地面预留孔洞和通气管道、管线竖井、烟囱、垃圾道等位置、尺寸和做法索引，以及墙体（主要为填充墙，承重砌体墙）预留洞的位置、尺寸与标高或高度等。

（5）地下室出地面风井留洞、盖板及其标高，百叶尺寸、底标高、定位，特别注意结构梁对风井面积的影响，上下层风井大小是否一致。

地下室出地面风井索引详见图 4-85。

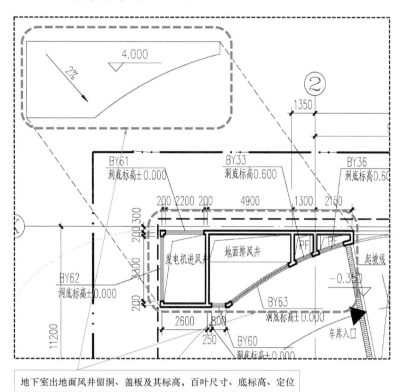

图 4-85　地下室出地面风井索引

（6）建筑中用于检修维护的天桥、格栅、马道等的位置、尺寸、材料和做法索引。

（7）屋面平面女儿墙、檐口、天沟、坡度、坡向、雨水口、屋脊（分水线）、变形缝、楼梯间、水箱间、电梯机房、天窗及挡风板、屋面上人孔、检修梯、室外消防楼梯、出屋面管道井及其他构筑物做法索引。

11. 局部放大图

根据工程性质及复杂程度，部分在平面图上无法表达清楚的内容可以通过大样在平面图上引出，必要时可选择绘制局部放大平面图，放大图的内容及注意事项参见本章"七、详图节点设计"。

12. 图纸备注及图例说明

（1）平面图中通用的一些内容（如填充墙体、建筑与结构标高系统关系、空调孔洞预留、设备管井的预留及安装后的防火处理、地面回填、排水、消火栓、配电箱安装要求、安全防护栏杆、防火卷帘等）可以在图纸备注栏中统一说明或统一图例示意。

（2）装配式建筑应在平面中用不同图例注明预制构件（如预制夹心外墙、预制墙体、预制楼梯、叠合阳台等）位置，并标注构件截面尺寸及其与轴线关系尺寸；预制构件大样图，为了控制尺寸及一体化装修相关的预埋点位。

（3）改造项目应用合适的图例表示出改造的范围（将改造与非改造部分的墙体、门窗等进行区别），宜附原设计图。

图纸备注及说明详见图 4-86。

说明：
1. 地上部分隔墙采用200mm厚加气混凝土砌块，未标明尺寸门垛均宽100mm。所有风井内均用水泥砂浆抹面，所有机房待风管及风机安装完毕后砌墙。
2. 图注一般标高为建筑标高，加括号（ ）为结构标高，加中括号[ ]为绝对标高。H 表示楼地面层建筑标高。
3. 本图所有标高均为相对标高。
4. 地面向排水沟方向1%找坡，排水沟0.5%坡向。
5. 所有设备管井门槛为200mm高C20细石混凝土门槛，宽同墙厚，高由建筑完成面起计。
6. 所有防火卷帘为特级防火卷帘，构造做法及防火卷帘上部之防火隔断设置由防火卷帘分包商负责深化设计，经设计人员认可后，方可配合土建施工。

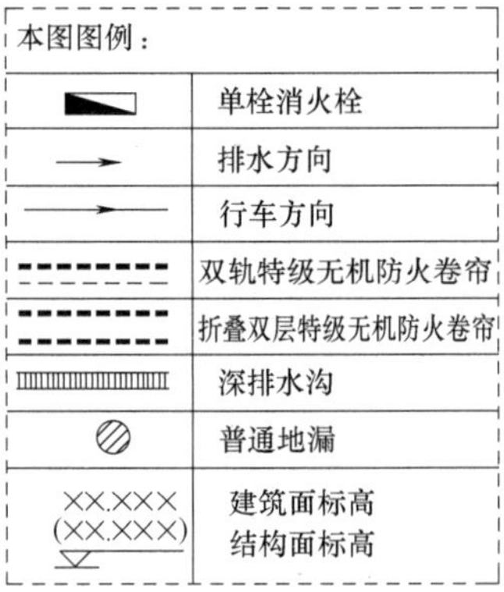

本图图例：
- 单栓消火栓
- 排水方向
- 行车方向
- 双轨特级无机防火卷帘
- 折叠双层特级无机防火卷帘
- 深排水沟
- 普通地漏
- 建筑面标高 结构面标高

图 4-86　图纸备注及说明

13. 面积计算及相关指标

（1）住宅平面图中应标注各房间套型编号、使用面积、阳台面积等信息。

（2）室内透空空间应标注建筑功能、位置、面积及比例；如有核增、核减面积，应有相应的核增、核减专篇设计文件。

14. 防火分区示意图及计算书

（1）平面图中有两个及以上防火分区，应有防火分区示意图，当整层仅为一个防火分区，可不注防火分区面积（但需要标示整层面积），或以示意图（简图）形式在各层平面中表示。

（2）防火分区示意图应标明每层建筑面积、防火分区编号、功能、防火分区面积、安全疏散口的位置指示，最远点疏散距离、疏散口（楼梯）宽度等。

（3）如每层防火分区有多个时，要在防火分区示意图中标示防火分区界面或附近的轴线编号，图中应标注计算疏散宽度及最远疏散点到达安全出口的距离（宜单独成图）。

（4）各防火分区之间的防火墙应填充，除剪力墙外，其余防火墙填充表达，跟其他墙体以示区分。

（5）疏散宽度应根据建筑物规模、高度、耐火极限、功能，核定使用人数，每个防火分区应分别计算列明设计需要疏散宽度与实际设计疏散宽度，并得出是否满足规范要求的结论。

防火分区示意图详见图 4-87。

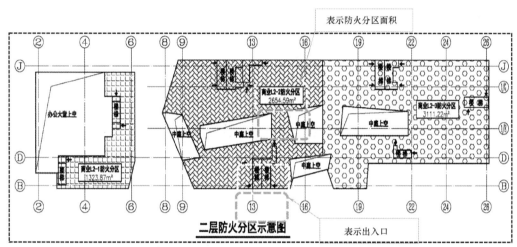

图 4-87　防火分区示意图

防火墙示意图详见图 4-88。

15. 其他

（1）按政府相关行政管理规定表达相关设计内容及指标，如住房套型面积及比例等。

（2）若建设用地内需设置或预留满足轨道交通、地下公共通道、地下车行道、城市综合管廊等要求的疏散、通风、机电等附属设施，应标注相关附属设施功能、位置、范围及面积。

16. 图面简化及对称做法

（1）图纸的省略：如系对称平面，对称部分的内部尺寸可省略，对称轴部位用对

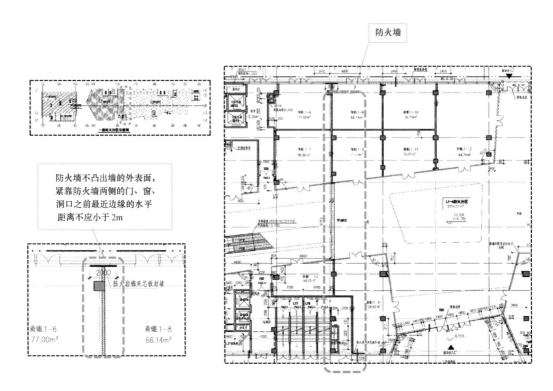

图 4-88　防火墙示意图

称符号表示，但轴线号、户型编号、门窗编号不得省略。

（2）楼层标准层可共用同一平面，但需注明层次范围及各层的标高。

五、立面图设计

（一）一般设计要点

（1）每张立面图纸均应标示名称、比例，图纸名称应与图纸目录名称一致。

（2）立面图图纸比例一般为 1∶100、1∶150、1∶200、1∶300（制图单位为毫米）。

（二）立面图设计内容

1. 定位轴线

（1）立面以建筑两端轴线或转折及重要部位的轴线编号，立面转折较复杂时可用展开立面表示，但应准确注明转角处的轴线编号。

（2）各个方向的立面应绘制齐全，但差异小、左右对称的立面可简略，内部院落或看不到的局部立面，可在相关剖面图上表示，若剖面图未能表示完全时，则需单独绘出。

2. 相邻关系

当与相邻建筑（或原有建筑）有直接关系时，应绘制相邻或原有建筑的局部立面图。

3. 立面表达

（1）立面图应绘制立面外轮廓及主要结构和建筑构造部件的可见部分，如女儿墙顶、檐口、屋顶构架、柱、变形缝、室外楼梯和垂直爬梯、室外空调机搁板、外遮阳构件、阳台、栏杆、台阶、坡道、花台、雨篷、烟囱、勒脚、门窗（包括消防救援窗）、幕墙、洞口、门头、雨水管、其他装饰构件、线脚和粉刷分格线等，当为预制构件或成品部件时，可按照建筑制图标准规定的不同图例示意，装配式建筑立面应反映预制构件的分块拼缝，包括拼缝分布位置及宽度等。

（2）裙房立面应表示材质、部分剖切索引、标高、洞口尺寸、门窗开启位置，详见图 4-89。

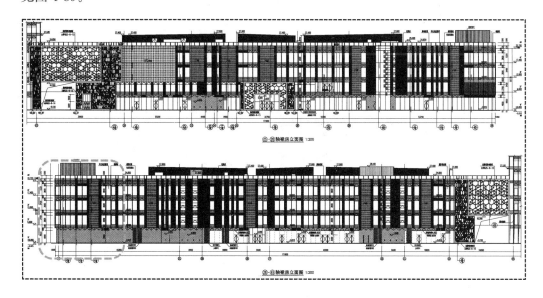

图 4-89　裙房立面图

（3）标注主要建筑饰面材料、色彩，各部分装饰用料、色彩的名称或代号。

（4）标注户外必要的标识、固定广告、LED 显示屏的位置、面积；楼宇标识（必要时）的位置、尺寸等。

4. 尺寸及标高系统

总高度尺寸（建/构筑物最高点）、楼层位置辅助线、楼层数、楼层层高和标高以及关键控制标高的标注，如室内外地坪、各层以及屋顶檐口或女儿墙顶标高、屋面突出物标高、窗台及其他装饰构件线脚等的标高及尺寸，外墙的留洞应标注尺寸与标高或高度（宽×高×深，定位关系尺寸）。

5. 详图节点做法索引

剖面图上无法表达的构造节点应另行详图索引。

6. 门窗、幕墙、特别要求

在平面图上表达不清的幕墙、窗编号及尺寸应另行详图索引。

（三）立面图设计内容示例

立面图示意详见图 4-90。

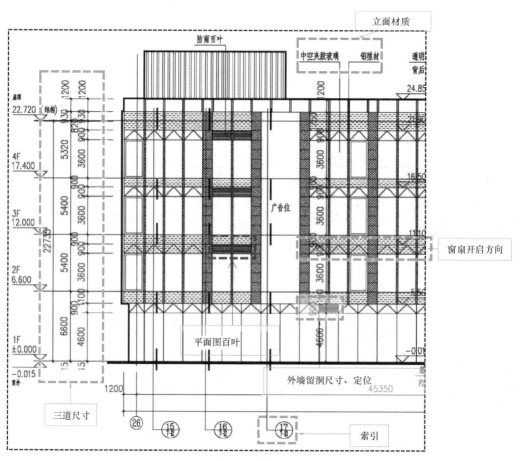

图 4-90　立面图示意

六、剖面图设计

（一）一般设计要点

1. 图纸名称及编排

每张剖面图纸均应标示名称、比例，并与图纸目录名称一致。

2. 常用剖面图比例

剖面图图纸比例一般为 1∶100、1∶150、1∶200、1∶300，制图单位为毫米。

（二）剖面图设计内容

1. 定位轴线

剖面图应标注主要墙柱的轴线和轴号。

2. 剖切位置及剖视方向

（1）剖切位置：应选层高不同、层数不同、内外部空间复杂、具有代表意义的部位。

（2）建筑空间局部不同处，以及平、立面表达不到的部位，可绘制局部剖面。

（3）剖视方向：纵向剖切宜向左剖视，横向剖切宜向上剖视。

3. 剖面表达内容

剖切到的或可见的建筑、结构主体以及建筑构造部件，如墙、柱、梁、门窗、基础、室内外地面、楼地面、地坑、地沟、各层楼板及面层、平台、吊顶、屋面、出屋面烟囱、天窗、外遮阳构件、楼梯、台阶、坡道、散水、平台、阳台、空调板、栏杆、雨篷、洞口等。

4. 尺寸系统

（1）外部高度尺寸：室内外高差、门窗洞口高度、层间高度、女儿墙高度、阳台栏杆、总高度等。

（2）内部高度尺寸：地坑（沟）深度，隔断、内门窗、洞口、楼梯梯段高度等。

（3）水平尺寸：轴线尺寸、墙体的定位尺寸。

5. 标高系统

主要结构和建筑构造的标高，如室内外地面、楼面（含地下室）、平台、吊顶、屋面板、屋面檐口、女儿墙顶、高出屋面的建/构筑物及其他特殊构件等的标高。

6. 剖面图示例

剖面图示例详见图 4-91。

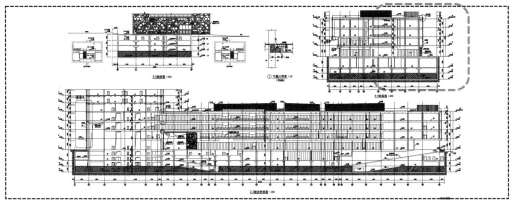

图 4-91 剖面图示例

剖面图局部放大示例详见图 4-92。

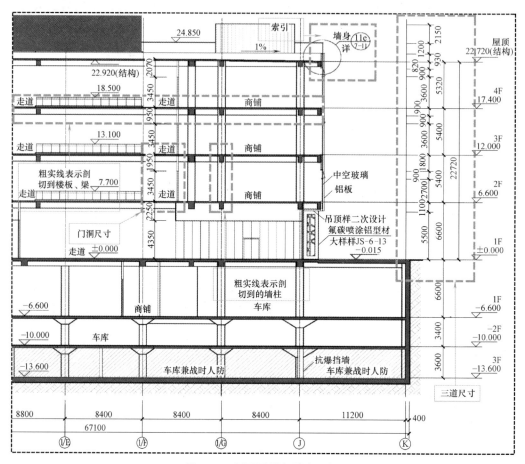

图 4-92　剖面图局部放大示例

七、详图节点设计

(一) 一般设计要点

1. 平面、立面、剖面图上无法标识清楚的内容可通过详图大样方式说明设计内容、材料构造做法、构造尺寸要求等。

2. 图纸名称及编排：详图应有名称、编号、比例，名称应与平面、立面、剖面图索引一致。

3. 比例：详图绘制应选用合适的比例，达到清晰表达尺寸、材料、构造等要求。

设备机房、户型放大图、厨卫大样、楼电梯、核心筒大样、阳台、门窗等详图常用比例：1：50；

墙身节点、栏杆扶手、管沟、设备基础等详图常用比例：1：20、1：10、1：5。

（二）详图内容

1. 墙身及屋面节点大样

（1）墙身节点图注意事项

① 选用墙身节点位置应典型、准确。

② 注明墙体的厚度及所属定位轴线。

③ 如果标准层各节点相同，可只绘出底层、中间层及顶层来表示。为节省图幅，墙身详图可从门窗洞中间折断，化为几个节点详图的组合。

④ 标明各层梁（过梁或圈梁）、板、窗台的位置及其与墙身的关系。

⑤ 应绘出不同构造层次，表达节能设计内容，标注各材料（含外饰面）名称及具体技术要求，说明屋面、楼面、地面的构造做法。

⑥ 标注各部位的标高、高度方向的尺寸和墙身细部尺寸。

⑦ 墙身详图应标注室内外地面、各层楼面、屋面、窗台、圈梁或过梁以及檐口等处的标高，还应标注窗台、檐口等部位的高度尺寸及细部尺寸。在详图中，应绘出抹灰及装饰构造线，并绘出相应的材料图例。

（2）墙身节点图示例

墙身节点图详见图 4-93。

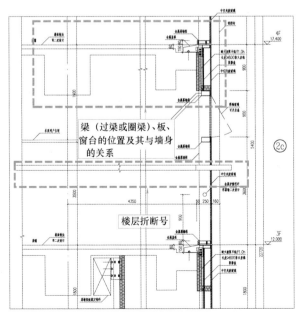
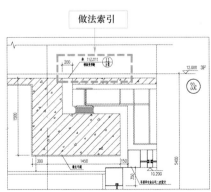

图 4-93 墙身节点图

墙身节点详见图 4-94。

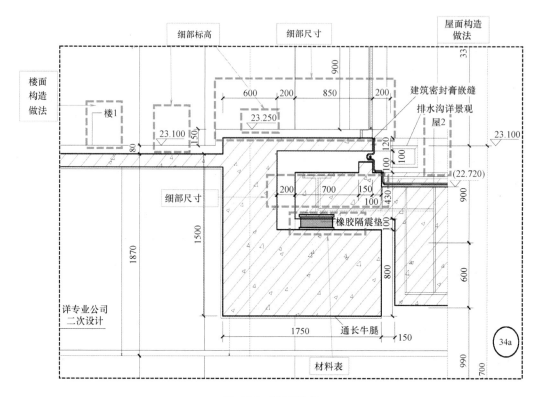

图 4-94　墙身节点

2. 楼梯大样

（1）楼梯大样图注意事项

① 楼梯应根据楼栋的位置及功能编号，大样一般包括楼梯平面和剖面以及踏步、台阶、栏杆详图大样，楼梯大样图常用比例为 1∶50，详图大样常用比例为 1∶20、1∶10、1∶5。

② 楼梯平面大样一般应绘制楼梯最底层平面、首层平面、标准层平面（层高有变化的楼层平面均应绘制）、顶层（出屋面层）平面，剖面应剖到上述相应各楼层。

③ 楼梯平面图应注明相关的轴线、轴号以及细部尺寸剖切号，平台标高、踏步宽度、步数，梯段及休息平台净宽，扶手栏杆定位及栏杆大样索引等。

④ 楼梯剖面应注明相关的轴线、轴号以及细部尺寸，梯段及休息平台净宽尺寸、平台标高，踏步宽度、高度、步数，梯段处及平台处净高，扶手栏杆定位及栏杆、台阶大样索引等。

（2）楼梯大样图示例

楼梯平面局部放大图详见图 4-95。

楼梯剖面局部放大图详见图 4-96。

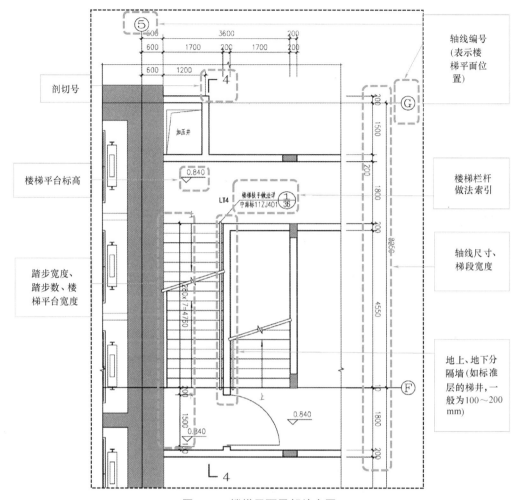

图 4-95　楼梯平面局部放大图

3. 核心筒、电梯大样

（1）核心筒大样一般注意事项

① 核心筒内的楼梯和电梯应根据楼栋的位置及功能编号；核心筒大样一般包括楼梯及电梯平面、剖面，电梯门洞留孔，机房平面等大样；核心筒大样图常用比例为1：50。

② 核心筒大样一般应绘制最底层平面、首层平面、标准层平面（层高及平面有变化的楼层平面均应绘制）、顶层（出屋面层）平面、机房层平面，剖面应剖到上述相应各楼层。

③ 核心筒楼梯部分内容详见楼梯大样。

④ 核心筒平面图应注明相关的轴线、轴号以及细部尺寸，剖切号，电梯井道尺寸（轿厢尺寸），电梯门洞尺寸，电梯厅净宽，楼层平面标高，电梯底坑标高，风井、风井百叶留洞定位尺寸，楼层消火栓尺寸、定位，设备管井名称及尺寸，开门洞口尺寸等。

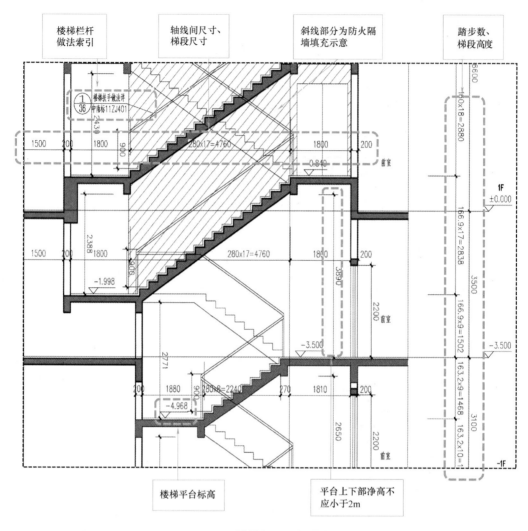

图 4-96　楼梯剖面局部放大图

⑤ 放大平面中一般不需标注门窗号。

⑥ 一般设备管井尺寸均在放大平面中标注，在大平面图的相应部位可不重复标注。

⑦ 电梯剖面应注明相关的轴线、轴号以及细部尺寸、各层层高、停站平台标高、电梯门洞尺寸、底坑尺寸、顶层（缓冲）层高、机房层高等。

⑧ 电梯大样图应与电梯明细表列明的电梯编号、类型、速度、提升高度、停站层数及标高、轿厢尺寸、电梯门尺寸、电梯井道底坑深、顶层高度、机房高度等信息一致（参见设计说明电梯章节内容）。

（2）核心筒大样示例

核心筒平面图详见图 4-97。

核心筒局部放大图详见图 4-98。

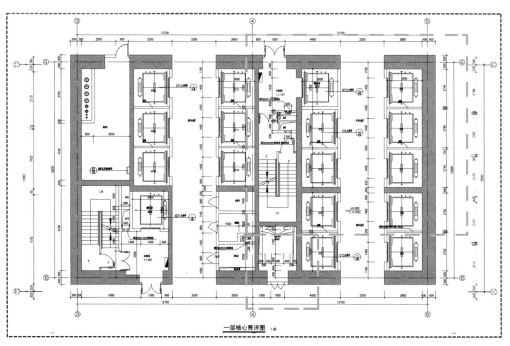

图 4-97　核心筒平面图

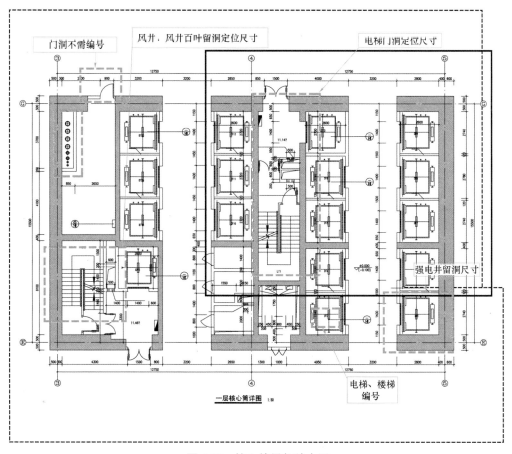

图 4-98　核心筒局部放大图

4.厨房、卫生间大样

（1）厨房、卫生间大样注意事项

①厨房、卫生间大样应根据户型或楼层的位置及功能编号，大样图常用比例为1∶50。

②大样图中应注明相关的轴线、轴号、门窗洞口等定位关系。

③注明细部尺寸，操作台面、设施的布置和定位，地漏位置，排水方向及坡度，排气道及烟道尺寸、型号，相互的构造关系及具体技术要求等。

（2）卫生间大样示例

卫生间大样见图4-99。

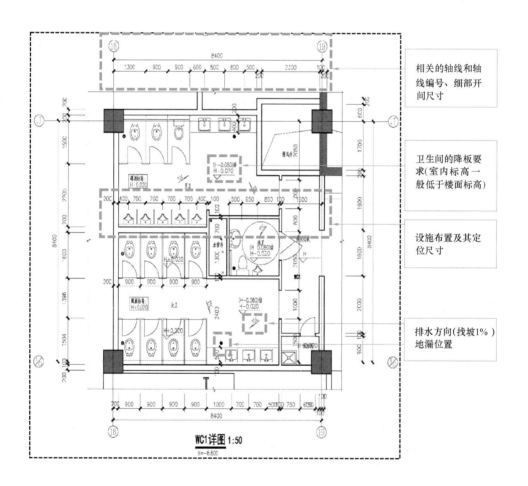

图 4-99　卫生间大样

5. 户型、阳台、空调机位大样

① 户型大样应根据户型或楼层的位置编号，大样图常用比例为 1：50。

② 应注明相关的轴线、轴号，内外部结构、门窗洞口、墙体细部尺寸。

③ 户型大样应根据功能布置相应的内部家具示意。

④ 阳台上如设置有洗衣机、空调、燃气热水器等电器时，应注明电器安装的定位尺寸、标高等，标明地漏、各种功能立管位置，排水方向及坡度等。

⑤ 空调机位大样应注明室内外机位置，室外机位置尺寸、标高，预留冷媒管、冷凝水管管线走向、孔洞大小、定位、标高、坡度，百叶尺寸、断面构造、有效通风面积等。

6. 门窗、幕墙、门窗表

（1）门窗、幕墙、门窗表详图注意事项

① 门窗、幕墙、百叶等应根据功能、材料及其他性能要求等在平面图上分类编号，注明平面尺寸，大样图常用比例为 1：50。

② 门窗表应分类别注明门窗数量、性能（防火、隔声、防护、抗风压、保温、隔热、气密性、水密性等）、有效开启面积（通风面积）、窗框材质和颜色、玻璃品种和规格、五金件等的设计要求。

③ 门窗、百叶及幕墙立面放大图应标注洞口和分格尺寸，对门窗扇开启位置、面积大小、开启方式、用料材质、颜色等作出规定和标注。

④ 不满足阳台栏杆、门窗窗台安全高度的门窗应注明栏杆设置要求。

⑤ 对另行专项委托的幕墙工程、金属、玻璃、膜结构等特殊屋面工程和特殊门窗等，应标注构件定位、建筑控制尺寸、性能参数、型材类别、玻璃种类及热工性能等。

⑥ 门窗立面的绘制顺序是：先绘樘，再绘开启扇及开启线。对于推拉开启的门窗则用在推拉扇上绘箭头表示开启方向。

⑦ 固定扇只绘樘不绘窗扇。弧形窗及转折窗应绘制展开立面。

⑧ 门窗立面一般在门窗高度和宽度方向标注两道尺寸，即洞口尺寸、分樘尺寸。

⑨ 弧形窗或转折窗的洞口尺寸应标注展开尺寸，并宜加绘平面示意图，标注半径或分段尺寸。

⑩ 注明窗框、玻璃材质。

（2）门窗、幕墙、门窗表示例

门窗表示例详见图 4-100。

门窗表示例详见图 4-101。

门窗大样示例详见图 4-102。

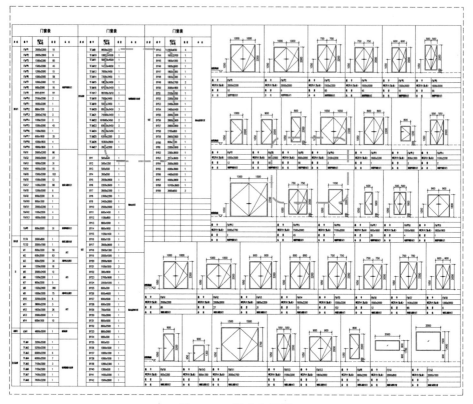

图 4-100　门窗表示例

门窗表				
类型	编号	洞口尺寸 (宽×高)	数量	备注
	BY43	1600×650	4	
	BY44	1600×5700	1	
	BY45	1800×1200	1	
	BY46	1800×1600	1	
	BY47	1800×1800	1	
	BY48	1800×1900	1	
	BY49	1800×2700	2	
	BY50	2000×1800	1	
	BY51	2100×1200	1	
	BY52	2200×1200	1	
	BY53	2400×3000	1	
	BY54	2400×5400	1	
	BY55	2600×4000	1	
百叶	BY56	2800×3900	1	铝合金防雨百叶
	BY57	2800×3200	1	

图 4-101　门窗表示例

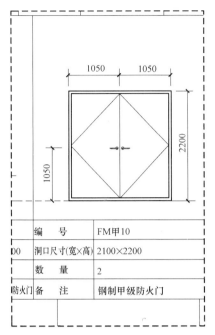

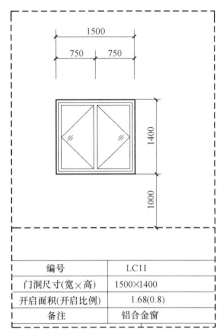

编　　号	FM甲10
洞口尺寸(宽×高)	2100×2200
数　　量	2
备　　注	钢制甲级防火门

编号	LC11
门洞尺寸(宽×高)	1500×1400
开启面积(开启比例)	1.68(0.8)
备注	铝合金窗

图 4-102 门窗大样示例

八、计算书

(一) 建筑面积计算书

1. 设计依据
建筑面积计算所依据的相关规范、规则。

2. 建筑面积计算
主要包括各层建筑面积、总建筑面积的计算,以及面积计算范围示意图。

3. 规定建筑面积计算
主要包括各层规定建筑面积的计算,以及面积计算范围线框图。

4. 核增、核减建筑面积计算
主要包括各层核增建筑面积与核减建筑面积的计算,以及面积计算范围示意图。

(二) 建筑消防疏散计算书

1. 设计依据
建筑消防疏散计算所依据的相关规范、规定。

2. 疏散人数计算
各防火分区的疏散人数计算公式及计算范围示意图。

3. 疏散宽度计算

各防火分区的疏散宽度计算，以及疏散宽度计算结果与各防火分区实际疏散宽度的比较，是否满足规范要求。

（三）建筑节能、绿建计算书

根据各地规定和现行规范要求进行，一般与相应专篇同时进行。

第五章　校对、审核审定、会审会签

图纸校审（校对、审核审定）、各专业间会审会签是建筑工程设计过程中必需的设计流程，是保证设计质量的重要措施。设计中常发生的各种"错、漏、碰、缺"问题很多都是由于校审和会审工作缺失或不足造成的。这些"错、漏、碰、缺"看似小问题，在施工中往往造成严重的后果，因此设计过程中要给予校审、会审足够的重视。

设计院内部进行的校审、会审工作与施工图外审和施工图工地图纸交底不同。施工图外审是施工图审查机构按照有关法律、法规，对施工图涉及公共利益、公众安全和工程建设强制性标准的内容进行的审查。施工图工地图纸交底是指工程各参加单位（建设单位、监理单位、施工单位）在收到设计院施工图设计文件后，对图纸进行全面熟悉过程中，审查出施工图中存在的问题及不合理情况并提交设计院进行答疑和处理的一项活动。

作为设计方，不能依靠外部的施工图外审和工地交底把关设计质量、解决设计图纸中"错、漏、碰、缺"问题，只有依靠设计院内部严格把控设计流程管理，将自校、校对、审核审定、各专业会审会签在设计过程中严格落实到位，才能真正保证设计图纸质量。

一、校对

（一）校对职责

校对人对设计人完成的设计文件（图纸、说明书、计算书等）进行校对，对消除设计文件"错、漏、碰、缺"负全部验证责任，对所校对的设计文件成品的质量负责。

（二）校对依据

1. 规划设计条件、政府职能部门的有关批文（如方案批文、消防批文、人防征询单、施工图审查意见等），以及各评审会议纪要和资料等。

2. 相关设计规范、图集，及地方设计管理文件和要求。

3. 建设单位提供的设计任务书。

4. 项目统一技术措施。

5. 建筑制图标准。主要包括：

《建筑工程设计文件编制深度规定（2016年版）》；

《民用建筑工程建筑施工图设计深度图样》09J801；

《建筑制图标准》GB/T 50104—2010；

《房屋建筑制图统一标准》GB/T 50001—2017。

（三）校对目标

校对的目标是解决设计图纸中"错、漏、碰、缺"四个方面的问题，具体如下：

1. 错，指内容、标准、标高尺寸、计算等方面的错误。

2. 漏，指内容、做法、标高尺寸、说明标注等的疏漏。

3. 碰，指不同专业间设计成果发生的干涉、矛盾和碰撞。

4. 缺，指图纸深度不足、设计内容有缺失。

（四）校对内容

1. 核对是否符合设计依据、是否满足设计合同或协议中明确规定的要求。

2. 核对数据：坐标、各种尺寸、标高、面积、洞口大小、净高等。

3. 核对设计深度：做法材料尺寸是否交代齐全，是否满足和达到制图标准规定的深度等。

4. 核对各专业间配合及管线综合：专业间互提条件是否落实，机电管线是否碰撞、空间净高是否满足设计要求等。

5. 核对计算书：日照、节能、疏散宽度和疏散口数量、人防分区和口部、经济指标等各项计算书数据是否满足规范和设计要求。

（五）校对操作方法

1. 在设计过程中设计总负责人和专业负责人应该全过程控制，特别在重要设计节点、互提条件时应经过校审，保证项目设计过程文件的设计输入正确，避免设计反复。

2. 建筑图纸资料应完整，包括设计依据、说明、做法表、总图、平立剖、详图、计算书等。

3. 设计人应首先对设计文件自校以保证出手设计质量，自校修改完成后提交校对人，校对人再进行全面仔细的校对，并将校对意见汇总填写"校审记录单"。

4. 设计人收到校对人完成的校审记录单后，应逐条根据校对意见进行核对、修改、完善和答复，有疑义的需要与校对人、专业负责人或设计总负责人沟通确定，修改后的图纸及校审记录单还需经由校对人验证。

二、审核审定

审核人对设计的质量特性负主要验证责任，对各设计阶段的成品及设计文件的质量负责，需对各阶段设计文件全面审核，即设计成品应符合《建筑工程设计文件编制深度规定》，符合批准的设计任务书，符合国家及项目所在地区现行的法规、标准的要求；审核各项审批意见是否得到贯彻、落实；在设计人自校、校对人校对后，全面检查审核设计文件是否齐全；计算书、图纸是否准确；图签是否规范。

审定人对设计成品文件的质量负责，需检查设计文件（图纸、计算书、说明等）质量是否符合相关质量管理的规定；设计总负责人、专业负责人、校对、审核是否到位，校审记录单是否齐全；图签栏各岗位是否符合有关注册建筑师职业规定及技术岗位要求等。

审核审定完成后填写"校审记录单"，交由设计总负责人、专业负责人、设计人根据审核审定意见逐条核对答复并修改完善到位。修改后的图纸及校审记录单还需由审核审定人验证签字。

三、专业间的图纸会审会签

会审会签是减少各专业之间的"错、漏、碰、缺"，保证设计质量的关键措施。施工图设计发出前，各专业之间应进行严格的会审会签。

首次专业间的会审应在建筑专业终提条件之后、交校对之前，由设计总负责人组织各专业负责人进行对图和管线综合，复核各专业互提条件是否落实到位，检查机电专业管线布置是否交叉碰撞，各建筑功能空间净高是否满足设计要求等，并记录会审中发现的各专业需要修改的问题，填写书面"设计会审记录单"。再次会审应该在校对之后、审核审定前，仍由设计总负责人和各专业负责人共同验证初次会审问题修改落实情况。

（一）会审操作方法

1. 会审准备：建筑专业收集各专业会审所需电子文件进行叠图套图，或者协同设计中各专业将会审所需设计文件更新。

2. 首次会审：建筑结构专业组织电子文件图纸会审，需修改专业用云线圈出标注；机电专业组织电子文件图纸会审，需修改专业用云线圈出标注；建筑与机电专业组织电子文件图纸会审，需修改专业用云线圈出标注；填写"设计会审记录单"。

3. 终次会审：组织全专业电子文件图纸会审，由设计总负责人和专业负责人验证首次会审问题修改落实情况，复核确认结构专业墙柱楼板边界洞口等是否与建筑专业一致，机电专业管线综合后是否满足各功能区净高要求，机电专业管线设备在土建墙、梁、板预留洞口等是否全面准确表达到位等。

（二）会审重点

建筑专业与各专业间图纸会审的重点内容，详见表 5-1。

图纸会审重点内容表 表 5-1

专业	会审重点内容	备注
结构	1. 说明中墙体材料、荷载 2. 楼层标高 3. 结构墙、柱 4. 结构边线范围 5. 降板范围和标高 6. 楼板留洞（包括中庭、电梯、扶梯、楼梯、风井、厨房烟道等）及剪力墙、梁上留洞 7. 楼梯详图 8. 墙身节点	
给水排水	1. 水井(各给水、排水立管)，地漏、雨水口等 2. 消火栓 3. 集水坑、排水沟 4. 水泵房、设备基础	
电气	1. 强、弱电间留洞 2. 强、弱电箱 3. 变配电房详图，电缆沟 4. 发电机房、设备基础	
暖通	1. 风井、墙上留洞及百叶面积 2. 设备基础	
管线综合	1. 各建筑功能空间净高复核 2. 各专业管线综合后土建墙体留洞	

（三）会签

会签是指有互提条件的专业，会审确认专业间提资内容已准确落实到设计图上，并共同在图纸上签字确认。其目的是保证专业间互提的设计要求和条件获得满足，避免"错、漏、碰、缺"的发生。施工图设计成果文件需各专业会签后才能正式发出。

需专业间会签的内容：

1. 平立剖面图、核心筒详图应所有专业会签。

2. 楼梯、墙身详图与结构专业会签。

3. 厨卫详图、水泵房详图等与给水排水专业会签。

4. 变电所、柴油发电机房等详图与电气专业会签。

5. 空调机房、冷冻站、风井详图等与暖通专业会签。

综上所述，施工图设计是各专业协调配合最终达成统筹优化的过程，需要全专业紧密协作共同完成，而非单一专业独立完成的复杂工作。因此设计完成后的图纸必须经过校对、审核审定、专业间会审会签，方能尽力控制设计过程中由各种原因导致的"错、漏、碰、缺"。校对、审核审定、会审会签是设计公司保证设计质量的重要管控措施和制度。

第六章 施 工 配 合

设计单位完成施工图设计后，与建设单位、施工单位、监理单位、其他专业施工单位等还有大量的施工配合工作。

施工配合的目标是让建设项目按时按质进行，在建设单位牵头、五方责任单位的配合下，最终完成项目，并顺利通过竣工验收。

设计单位施工配合的主要工作包括：解决图纸的"错、漏、碰、缺"，进行各类设计图纸的协调及调整，协助解决处理施工现场的突发情况和配合进行各类验收。也有一些项目因为项目开发时间短，边设计边施工，这一现象也加大了设计单位施工配合的难度和工作量。

设计单位现场配合的及时性尤为重要，如果设计单位的修改图纸或者设计变更单没有及时发往工地，可能会造成施工现场的返工，给建设单位带来经济损失。对于综合体、医院和酒店等复杂项目，协调解决现场各类设计和施工之间的问题有时更为突出，通常需要有一个设计单位牵头做设计总协调工作。

在施工配合工作中涉及需要配合的单位和部门很多，主要包括建设单位、勘察单位、设计单位、施工单位、监理单位、各类专项设计和专项施工单位，相关的质量技术监督、交通管理、环保、住建等政府部门，以及当地供电、供水、燃气、防雷等事业单位相关部门。

设计单位施工配合按照时序可以分为施工前的配合、施工阶段的配合和施工后的配合。

一、施工前的配合

（一）施工前的配合工作概述

施工图设计完成后，建设单位需进行开工手续的准备和招标施工单位等工作。在建设单位拿到施工许可依据的政府文件并确定了施工单位后，设计单位需配合建设单位，对施工单位进行施工图纸的施工交底，确定项目施工配合阶段流程、质量控制要求等，对现场配合全过程实施有效控制，确保建成项目满足建设单位的要求。施工交底的会议由建设单位召集，参加人员有监理单位、施工单位、勘察单位、设计单位的各专业人员，也可以结合施工工期的安排进行多次分专业的交底。

1. 施工交底是使参与工程建设的各施工单位了解工程设计的主导思想，掌握工程关键部分的技术要求，保证工程质量。内容包括：建筑构思及要求，采用的设计规范，确定的抗震设防烈度、防火等级，基础、结构、内外装修及机电设备设计，对主要建筑材料、构配件和设备的要求，新技术、新工艺、新材料、新设备等要求，以及施工中需特别注意的事项。

2. 通过施工交底确保施工图纸符合施工深度要求，减少图纸中的"错、漏、碰、缺"，将图纸中的问题在施工之前修改完善。

3. 施工交底过程中各方均发表对施工图纸的意见，通过建设单位、监理单位、施工单位的图纸会审，使设计施工图纸更符合施工现场的具体要求和经济性要求，避免施工中调整设计造成浪费。

4. 参加施工交底的设计单位人员有：项目的设计主持人、各专业负责人及主要设计人。设计主持人介绍项目主要情况，施工重点、难点及注意事项。各专业负责人及主要设计人对施工方提出的图纸疑问进行解答或修改。

（二）设计交底与图纸会审应遵循的原则

1. 施工图纸由符合资质的设计单位设计，并进行设计文件的签署，通过各相关机构审查。

2. 设计单位应提交完整的施工图纸，包括最新的图纸目录、版本正确并齐全的图纸。

3. 工程图纸必须经建设单位确认，并经政府审批；未经确认和审批的图纸，不得交付施工。

（三）设计交底与图纸会审的重点

1. 设计图纸与说明书是否齐全、明确满足设计要求；图纸内容、表达深度是否满足施工需要；施工图中所列各种标准图集是否已经齐备。

2. 施工图与设备、特殊材料的技术要求是否一致；主要材料来源有无保证，能否代换。

3. 设备说明书是否详细，是否与标准一致。

4. 土建结构布置与设计是否合理，是否与工程地质条件紧密结合，是否符合抗震设计要求。

5. 如有多家合作设计单位，需检查各设计单位设计的图纸之间有无相互矛盾。

6. 设计是否满足施工要求和未来使用的检修需要。

7. 建筑与结构是否存在不能施工或不便施工的技术问题，或导致质量、安全及工程费用增加等问题。

8. 防火、消防设计是否满足有关规范要求。

（四）会议纪要（交底记录）与实施

1. 整理汇总施工图会审记录并形成交底记录，经与会各方签字盖章同意后，该记录即被视为设计文件的组成部分，发送至建设单位和施工单位，并抄送有关单位，与修改通知单一起归档，并应体现在竣工图中。

2. 交底会议上决定必须进行设计修改的内容，由原设计单位按设计变更管理程序提出修改设计，经监理工程师和建设单位审定后，交施工单位执行；重大问题需报建设单位及相关政府主管部门再次审批。

（五）工作流程图

设计单位为配合施工过程需填写表格，相关责任人按规定落实节点管控，及时归档。设计单位各角色在施工交底过程中的工作职责详见图6-1。

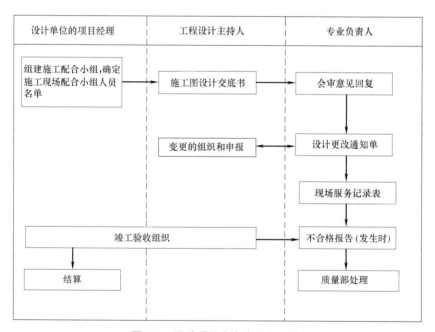

图 6-1　设计单位各角色工作职责

二、施工阶段的配合

项目经理负责组建各专业的施工配合小组，在人员有更替时及时通知建设单位和施工单位。

（一）施工图设计单位需配合的主要内容

1. 参加必要的施工例会及其他相关施工配合会议。

2. 参加各单项工程（如隐蔽工程、消防工程、人防工程及各专业分项工程等）的验收工作。

3. 图纸中的问题及甲方的修改要求，以"变更通知单"的方式提交建设单位，经建设单位同意后，提交施工单位。

4. 配合建设单位选材、选料、审核以及对幕墙、景观等图纸进行相关的审核工作。

5. 设计更改。

设计更改指设计产品正式交付后，由于建设、监理或施工单位要求或设计原因等，需要对已批准交付的设计文件进行的更改。设计更改的交付文件是"设计更改通知单"。"设计更改通知单"的格式固定，分专业进行编号，内容包括设计单位名称、项目名称、专业、日期、更改原因等信息，签署栏中应有设计人、专业负责人、项目主持人及其他专业会签人的签字，有附图及附图的数量等信息。

（1）设计更改原则上由原设计人完成。修改内容可能涉及多专业变动，各专业负责人应向项目设计主持人反馈，项目设计主持人组织各专业进行评审，评判该设计变更对已施工、安装部分和相关专业是否产生影响。

（2）设计更改需经过专业审核人校审、工程设计主持人或专业负责人批准。在"设计更改通知单"及修改附图的图标栏中签署相关人员姓名。必要时须得到建设单位及政府主管部门确认、批准。

（3）各专业工种负责人将"设计更改通知单"及修改图纸提交图档室办理设计更改出图手续，并加盖公司相关出图专用章和注册建筑师/工程师执业章。

（4）项目经理填写图纸修改交付登记表，按照交付程序，由建设单位或施工单位接收人签收。

"设计更改通知单"格式详见图 6-2。

（二）二次深化的图纸的审核工作

1. 总图专业和建筑专业针对景观专业的一般性审图要点如下：

（1）景观设计的构筑物和树木是否影响消防车道和登高面的使用。

（2）景观中的构筑物和大型种植的荷载是否预留。

（3）景观的起伏变化是否影响无障碍设计的使用。

（4）景观路径的变化建筑是否需考虑增加防坠落的设计。

（5）考虑各类管井地面检修井与景观的配合。

（6）绿化率是否因景观设计受到影响。

（7）景观中的栏杆等构件的安全性等。

设计更改通知单(QR7.3-14)　　　　1/D

第　页　共　页

设计号		项目名称			□ 一般变更	专业	
子项号		子项名称			□ 重大变更	编号	
相关专业	□总图		□ 建筑	□ 结构	□给水排水	附图数	
更改编号	□电气		□ 电信	□ 暖通	□ 燃气	日期	
更改原因	□建设单位要求　□外部审查要求　□监理/施工方合理建议并经建设单位批准 □设计原因						
更改内容							

项目设计主持人			专业审核人			设计		
专业负责人			专业审定人			校对		
相关专业 负责人签字	总图: 电气:	建筑: 电信:	结构: 暖通:	给水排水: 燃气:		×××设计公司标识		
注:					设计公司名称 资质证书编号:××××			

图 6-2　"设计更改通知单"格式

2. 建筑专业针对幕墙专业的一般性审图要点如下:

(1) 对幕墙分格样式进行审核,结构及安全需经幕墙公司计算确定。

(2) 幕墙的节点设计满足立面风格的要求。

(3) 对于复杂幕墙,项目初步设计阶段幕墙公司就要尽早介入设计。

(4) 幕墙开启方式及开启面积满足排烟的要求。

(5) 幕墙逃生窗的设置与土建图纸需一致。

（6）幕墙玻璃参数的选用应符合节能设计的要求。

（7）包括在幕墙中的雨篷、栏杆等应符合安全性要求。

（8）擦窗机位置满足安全性及荷载的预留。

（9）LED灯光设置的预留和预埋等是否与灯光设计一致。

3. 对扶梯、电梯的一般性审图要点如下：

（1）核查电梯、扶梯图纸与建筑图纸的相符性。

（2）核查电梯类型、停层数量、位置、区域，底坑及顶层高度，机房净高等。

（3）核查扶梯数量、类型、吨位，净高，底坑及顶层高度，荷载等。

（4）核查是否预留电梯安全门。

（三）材料的确定

1. 所有材料样板，应提交给建筑师进行选样。

2. 项目施工现场应制作1∶1的外立面样板墙，便于设计师推敲色彩、铺砌方式、窗墙搭配规格、分缝处理材料交接等。

3. 确定材料样板后，各相关单位签字，由建设单位或总包单位订货、采购。

4. 设计单位需要审阅分包图纸、幕墙图纸、门窗图纸等相关设计深化内容。

（四）项目回访及问题汇总

为了提升质量，设计单位应组织工程回访，根据具体项目组织成立由项目经理、建筑（设计总负责人）、结构、机电专业的部门经理参加（质量经理）的回访小组，对正在施工的项目有计划地进行回访，并汇总项目回访问题，以利改进服务。

三、施工后的配合

（一）各阶段验收流程

勘察单位、设计单位提出"质量检查报告"，勘察单位、设计单位对勘察、设计文件及施工过程中由设计单位签署的"设计更改通知单"进行检查，并提出书面的"质量检查报告"，报告应经项目负责人及单位负责人审核、签字。

由设计公司参与的验收项目有结构基础验收、建筑工程主体验收、隐蔽工程验收、分部（专业）工程验收、单项（附属）工程验收、防水工程验收、人民防空工程专项验收、消防验收、建筑节能专项验收等。验收由建设单位和监理单位牵头组织进行。

验收步骤一般分为初验、核验、竣工验收（终验）。初验发现问题后，应及时向建设单位提出整改要求，出具修改通知单，并由建设单位签收后发往施工单位，进行整改执行。

1. 目前设计单位参加的验收的主要流程和内容详见表6-1。

验收主要流程和内容　　　　　　　　　　　　　　表 6-1

验收项目	验收主体	设计方参加人	带备资料	重点检查部位
建筑工程 主体验收	质监站	注册建筑师本人 结构专业负责人 建筑专业负责人	主要平面及说明	建筑主体及设备
人防验收	人防 主管部门	注册建筑师本人 建筑专业负责人 结构、设备各专业负责人	平时、战时人防图纸 人防设计说明	战时分区疏散设置,平、 战转换时设备布置
消防验收	消防主管部门	注册建筑师本人 建筑专业负责人 设备各专业负责人	消防说明 防火分区图纸	防火分区及疏散
建筑节能 专项验收	住房和城乡建 设主管部门	注册建筑师本人 建筑节能专项设计人 设备各专业负责人	建筑节能设计计算书、 说明及必要图纸	相关部位的导热系数的 数据检查,门窗、玻璃、外 墙等部位的材料检查,门 窗开启面积检查

2. 消防的重点检查内容如下：消防车道是否通畅，消防车道和消防登高面尺寸是否满足规范，消防登高面是否被遮挡，是否按图纸设置消防救援窗，防火分区和疏散等与图纸是否相符，各专业的消防设备设施是否符合运行的要求。

3. 人防的重点检查内容如下：人防分区及口部与已审批的图纸是否相符，人防门等设施设备是否符合运行的要求。

4. 安全性的重点检查内容如下：阳台栏杆高度、栏杆间距、栏杆防攀爬等；屋面女儿墙高度、防攀爬等；凸窗栏杆高度、防攀爬等；落地窗栏杆高度、防攀爬等；窗台高度、窗台护栏高度、防攀爬等；防坠落雨篷、无障碍设施等；其他涉及建筑使用安全的部位是否满足规范要求。

5. 建筑立面效果的重点检查内容如下：外饰面的材质和铺贴部位是否与图纸相符，幕墙的材质、玻璃的性能及节点做法等是否与图纸相符。

6. 核验和终验：

核验和终验是对照初验的检查结果，由建设单位组织的中间检查验收和最终验收，是控制施工质量的最后两个时间节点。对在竣工验收时还存在的问题，应由施工单位出具修改承诺书，限期整改到位。

（二）竣工图纸的绘制

1. 新建、改建、扩建的建筑工程应绘制竣工图，竣工图是工程资料的一部分，应真实反映竣工工程的实际情况，在工程竣工之后必须提交竣工图归档。

2. 竣工图应依据报审通过的施工图、图纸会审记录、设计更改通知单、工程洽商记录等绘制。

3. 对竣工图依据文件的要求：

（1）应采用设计单位盖章的图纸和施工单位带有施工情况记录的图纸为依据绘制。

（2）施工单位应出具相应按照图纸施工的说明。

（3）由建设单位反馈给设计单位已执行的修改通知单，应有施工单位的接收证明。

（4）如竣工图非设计单位出具，设计单位需要进行审核。

4. 竣工图的专业类别应与施工图对应。

5. 竣工图的绘制应符合国家有关标准和规定，装订符合地方归档的要求。竣工图应有竣工图章和相关责任人的签字。

6. 室外管线工程按实际施工情况绘制。

7. 工程验收完毕会收到规划、消防、环保等部门出具的认可文件或准许使用的文件，会同设计单位的质量检查报告一起作为竣工验收备案的依据性文件，由建设单位收集齐竣工图资料、监理资料、施工资料等工程文件，进行工程档案的汇总、移交和归档。

四、施工配合涉及的主要标准

1. 《民用建筑设计统一标准》GB 50352—2019

2. 《建筑设计防火规范》GB 50016—2014（2018 年版）

3. 《人民防空工程设计防火规范》GB 50098—2009

4. 《建筑内部装修设计防火规范》GB 50222—2017

5. 《汽车库、修车库、停车场设计防火规范》GB 50067—2014

6. 《民用建筑热工设计规范》GB 50176—2016

7. 《地下工程防水技术规范》GB 50108—2008

8. 《建筑地面工程施工质量验收规范》GB 50209—2010

9. 《建筑装饰装修工程质量验收标准》GB 50210—2018

10. 《防火卷帘、防火门、防火窗施工及验收规范》GB 50877—2014

结　　语

　　从毕业来到华森，我见证了建筑行业从手绘转向计算机辅助设计的时代变迁。施工图的绘制、排版，甚至表达方式，因为出图工具的变化，产生了很大的不同。现阶段，我们正经历 BIM 设计及三维协同方式的并行。未来施工图的表达方式将持续变化。但是，唯一不变的，是施工图设计的逻辑和向施工者清晰传递信息的目标。基于此，我希望把我们多年积累的施工图设计经验总结和保存下来，并传递给一代代入行的践行者。

　　我们从工程实践出发，以实际工程设计过程为梳理依据，希望为偏重方案设计和理论研究的高校建筑学专业教学，做一个深化设计研究的阶段性补充。

　　本指南更多地面向致力于施工图设计和管理的年轻建筑师，也为从校园到设计院、从方案设计进入施工图设计工作的同学和同业提供一个基础的引领。

　　华森为深圳市编制《施工图深度标准》，同时工作效率较高。但施工图设计就像学习昆曲，讲究口口相传和长久历练，非一书即可尽述。浅析于此，相信本书各方面亦有改进空间，也期待同业专家指正。

肖蓝

2019 年 6 月 25 日